預防網路霸凌

你看不見的傷害

預防網路霸凌—你看不見的傷害

策 畫 序

有方法的陪伴，減少撞牆期

文／朱英龍
(前臺大機械系教授、
董氏基金會心理健康促進諮詢委員)

根據聯合國兒童基金會彙整來自世界各國青少年對網路霸凌的提問內容，讓青少年最困擾、最想尋求解答的問題包括：「我被網路霸凌了嗎？如何分辨是開玩笑還是網路霸凌？」「有人對我進行網路霸凌，但是我害怕和父母談這件事，我該怎麼做？」「我朋友被網路霸凌了，他只告訴我一個人，可以怎麼幫他？」父母的常見提問則包括：「我的孩子被網路霸凌？怎麼保護或陪伴他呢？」「網路霸凌和一般霸凌有甚麼不一樣？會造成更大的傷害嗎？」「強制控管孩子使用社交媒體及網路使用平台，能防止孩子被網路霸凌嗎？」

上述總總提問，反映出隨著網際網路普及而形成的新危機。網際網路的開放應用已經超過30年，但是「網路霸凌」是近10年來，隨著遭受網路霸凌而自殺事件增多，才漸被關注。例如美國，是2010年教育部首次針對網路霸凌防治提出相關規範，之後各州陸續訂定法規或政策揭示進行網路霸凌防治。

在科技及網路快速發展的現今，父母與教育者面臨越來越多變的挑戰，例如，對科技產品的應用認知有限、不熟悉社交平台操作方式、不清楚孩子使用的網路語言、不確定孩子是否有網路交友、是否有經營自己的社群……因此，更難立即覺察與了解「網路霸凌」發生的普遍性與如何因應，與如何陪伴孩子走出網路霸凌的傷害。為了幫助父母與教育者能全面了解網路霸凌的危險，如何引導孩子避免被網路霸凌，董氏基金會出版《預防網路霸凌—你看不見的傷害》，希望藉此讓父母與教育者都能及時給予孩子需要、支持性做法和好的陪伴，增進彼此的信任關係，減少不知所措的撞牆期。

為了讓父母與教育者便於獲知校園中青少年最常發生的網路霸凌現況，影響性及實用求助資源，本書介紹多個國家網路霸凌現況、網路霸凌者、被霸凌者與旁觀者面臨的情境與心理狀態、容易發生網路霸凌的社交媒體、網路流行用語與求助資源；同時採訪多位專業醫師、心理師及學校輔導老師，以校園實例分享，父母與教育者可以應用本書提供的資訊，學習如何陪伴與引導孩子因應此新交流危機。

我曾有陪伴憂鬱症患者的經驗，非常了解做為一個陪伴者，不論對方是罹患像憂鬱症般的疾病或是經歷重大壓力或失落事件，例如遭受網路霸凌，除了給予情緒支持、同理之外，自己本身也要對對方所遭遇的情境、情緒反應與因應作法有概念，及認識可以應用的協助資源，這樣可以避免因為不了解而造成誤解，造成雙方緊張的關係。本書提供的陪伴和預防教育的做法，也能讓父母與教育者有所依循，減緩「未知」的壓力與悶頭摸索的時間。

即便我自己不太用網路，但確實知道網路世界的多采多姿，許多人可以透過網路上各式的社交與溝通平台與親友保持聯繫與表達心聲，也有機會與世界各地的陌生人交流。然而，使用網路強大的便利性的同時，也將自己暴露於無法防範、無法鎖定誰是加害人的霸凌危險中，我們都要學習怎麼覺察與防範網路霸凌行為，期盼本書能成為陪伴父母與教育者防治網路霸凌的最佳指南。

出版序

傷害發生之前，我們可以做更多

文／姚思遠
（董氏基金會執行長）

二十一年前，董氏基金會正式開展憂鬱症防治宣導教育工作，當時，社會大眾對「憂鬱症」的認知及了解不多，當因為憂鬱症而發生身心症狀，多半以「自律神經失調」或是「逛醫院」而求助，失去獲得有效治療的時機。曾經聽已康復的男性憂鬱症患者分享當時求助的手足無措，抱著「頭痛醫頭、腳痛醫腳」的想法，掛遍醫院所有門診科別，只剩婦產科沒有看。

依據 1999 年本會以大台北地區民眾為對象進行的調查發現，近七成民眾分不清楚憂鬱情緒與憂鬱症。在 2007 年，以全台大學生為對象進行調查，則有四成六的大學生分不清。調查結果發布的隔日，平面媒體斗大的標題：「33 萬大學生很憂鬱──一成五卡到陰？」引發一陣討論。顯然，對民眾而言「憂鬱症」已不是陌生的辭彙，但有關憂鬱症的正確知識還有待被教育。而在 2018 年，以六都國、高中生為對象進行的調查結果則顯示，六成八的青少年能夠區辨憂鬱情緒與憂鬱症的不同。

雖然憂鬱症無法透過外顯明確的症狀被識出，也無法如同高血壓、糖尿病等疾病以具體數據呈現，但它對患者造成的影響卻極為深廣，甚至會有自殺意念與行為。幸而，經過長久以來政府與民間團體的合作，各式的宣導教育，媒體資訊的傳播，憂鬱症議題逐漸被重視，社會大眾較能坦然接受，改變之前的認知，了解憂鬱症是可預防、可治療的疾病。

而隨著科技的進展，溝通工具與平台的日新月異，現在的新世代，甚至包括我們中、高齡世代面對的壓力、造成情緒困擾的來源已不光是發生在現實生活的日常，「網路霸凌」已然成為另類壓力和情緒困擾的源頭。如同本書受訪老師提到的，早年要處理的學生問題，可能有肢體暴力衝突，言語霸凌，人際排擠等，雖不容易，但比較容易還原事件真相，將問題化解。但現今，可能連事情是怎麼發生的都不是很明確，可能只是在臉書留言或按個讚，或在學校有不愉快，延伸到放學後。無法預期學生到底會遇到甚麼危險。更令人擔憂的是，我們對「網路霸凌」的發生、對身心健康造成的影響與防治做法認知有限，尤其是許多青少年，沒有學習用同理的態度使用社群媒體進行溝通，分不清楚「開玩笑」和「網路霸凌」的界線，再不然就以「言論自由」一語帶過，實際上已跨越界線變成網路霸凌，其對當事人所造成的傷害可能會產生包括焦慮、憂鬱，拒學，或出現自傷與自殺行為。

為了減緩這個新霸凌型態的擴展，我們特別出版《預防網路霸凌—你看不見的傷害》，希望從本書開始，讓兒童青少年、家長、教育者及一般民眾都能提高對網路霸凌防治的認知、建立使用網路社群平台進行溝通的素養及正確態度，從自己形成一股轉變的力量，影響身邊的人，減少網路霸凌的發生。我們相信，不管是深植多久的觀念，都有轉變的契機。如同我們進行憂鬱防治宣導教育的歷程，預防教育永遠不嫌晚。

網路霸凌——無所不在的新世代危機

交流，與時俱進；霸凌，無所不在

文 / 黃嘉慈

你需要知道

2019 年底開始，世界各國籠罩在不確定來源、不知道盡頭、至 2020 年 11 月底統計已超過 146 萬人死亡的新冠肺炎疫情陰影下。但是，有個看不見的「疫情」也同時在傳播著，且愈趨嚴重，尤其影響青少年甚鉅。這個無所不在，看不見，也不知道底線的疫情，即是「網路霸凌」。根據《TWNIC2019 台灣網路報告》資料顯示，全台灣家戶上網率達 90.1%，12 歲－ 54 歲民眾上網率皆超過九成。網際網路使用的普及，改變了面對面或使用電話溝通的交流模式；社交媒體的興起，更成為青少年主要的溝通交流型態，與其生活緊密結合，因此讓兒童及青少年很容易就陷入無法躲避、難以防備的新霸凌型態－網路霸凌。

微軟創辦人比爾蓋茲說:「網路正成為明天全球村落的城市廣場。」英國著名物理學家霍金也曾表示：「我們所有的人現在都透過網路連結起來，就如同存在於一個巨大腦中的神經元。」網際網路，起源於60年代美國國防部為了國家安全研究計畫而將不同網路進行連結。之後，網際網路廣泛地為政府、軍事、學術單位所用。直至90年代，美國政府才放寬了網際網路的限制，允許商業上的應用。自從開放以來，全世界的網際網路用戶從1995年的1千6百萬至2020年已經達到46億。在現代人的生活中，網際網路早已成為主要的資訊中心，特別是在社群網站與手機科技的發明之後，它更為地球上各個角落的人提供了一個溝通及交流平台，讓人們可以透過這個數位世界交換意見、分享觀點，也藉由這個數位世界實現夢想、創造市場利益，以Facebook為例，其全球用戶到2020年6月已達2億。不僅僅是成人，隨著應用軟體的創新以及社交媒體的普及，兒童青少年的學習、休閒生活與社交也都與網路產生密不可分的關係，同時也深深地影響他們在表達與溝通上的習慣。

網路使用普及，兒少上網時間愈來愈長

根據國際電信聯盟（ITU）於2017年發布的報告指出，全球有70%的年輕人使用網路：在已開發國家中，15－24歲的年輕人使用網路的比率是94%；開發中國家為67%；低度開發國家則為30%。此外，全球網路統計（Internet World Stats）的數據顯示，在亞洲地區中，以南韓、汶萊、日本上網率最高，台灣則位居第四。另外，由台灣網路資訊中心於2019年所做的調查發現：

在台灣，12 歲以上民眾使用網路的比率是 89.6%，全台民眾整體上網率達 85.6%。在使用網路的時間上，董氏基金會於 2019 年以大台北地區國、高中（職）生為對象所進行的調查發現：受訪者每日上網總時數達「六小時以上」者，在假日占 36.5%，在平日則為 18.3%。在假日，有 21.1%的受訪者每次上網平均持續超過四小時以上；有 42.7%受訪者平均每隔 30 分鐘就想上網。青少年經常上網的目的需求，依序為瀏覽網路影片、瀏覽社群網站、與他人互動 / 聊天、聽 / 下載音樂、玩線上遊戲。這些數據顯示了網路早已成為現代兒童及青少年生活中無法或缺的一部分。

新世代必將面臨的交流危機

網際網路的使用，對兒童青少年有正面的影響力，諸如：知識的探索、與他人共享學習的內容、創造力的發揮，以及情感的連結和歸屬感等。而社群網站的使用，更讓他們透過快速、世界性的溝通，迅速地與他人建立關係，交換訊息，拓展了視野，以及創造了許多樂趣。然而，使用網路時間過長，與未經教導的網路使用習慣，也帶來一些負面的影響，例如：在社群媒體上收到惡意的批評、威脅，以及與性有關的訊息；又或者在網路上因暴露個人的資料而導致隱私受到侵犯。此外，孩子出現網路成癮的情形也日趨嚴重。這些負面的經驗都能重創孩子的身心健康。依據聯合國兒童基金會（UNICEF）的調查指出，全球有三分之一的青少年曾遭遇過網路霸凌、五分之一的青少年曾為了躲避網路霸凌及暴力行為而輟學。這些數據所呈現的，不單單只是數字，更多的是隱藏在數字背後，來自全球各地年輕人求救的聲音。網路霸凌對他們所造成的身心傷害，可能是我們當初在發明、拓展網路科技，以及讚嘆其新穎與便利性時，所始料未及的。

從面對面的霸凌，到網路霸凌

在網際網路已晉升為大眾的主要溝通工具之後， 霸凌的行為也無可避免地將其攻擊性延伸至網路領域中。

「霸凌」在校園中存在已久，相信許多人都曾親身經歷或目睹。學者陳茵嵐、劉奕蘭指出，「霸凌」一詞主要由英文「Bully」音譯而來。瑞典學者 Dan Olweus 將霸凌定義為個人或群體對他人進行蓄意的、重複性的攻擊行為，目的是造成受害者身體或情感上的傷害，這當中也涉及不平等的權力關係。

「霸凌」通常是在沒有挑釁的情況下發生的。在網路盛行之前，「霸凌」通常指在實體社會中，面對面、直接或間接的攻擊行為，它可能發生在家庭、校園、職場等任何場合中。霸凌者常常是出於沮喪、屈辱和憤怒，或是為了想取得社會地位而產生霸凌行為，有可能造成自身在身體、心理和社會上的危害；而被霸凌者則可能會遭遇人際關係上的困難、感到憂鬱、孤單或焦慮、充滿自卑感以及出現學業上的困難。

網路霸凌「cyberbullying」一詞首次出現在 1998 年，聯合國兒童基金會指出，使用數位科技所進行的霸凌就是「網路霸凌（Cyberbullying）」，它可以發生在社群媒體、傳訊平台、遊戲平台和手機。這是一種反覆出現的行為，用意在威嚇、激怒或羞辱被設定的對象，可能的情況包括：

· 在社群媒體上散布謊言或張貼某人的不雅照片。

· 透過傳訊平台發送傷害性的訊息或威脅。

· 冒充某人並以此人的名義向他人發送卑劣的訊息。

透過觀察孩子們在群體中的行為，我們可以發現，面對面的霸凌行為在幼兒園階段就已經發生了。而自從 2010 年智慧型手機開始普遍化之後，孩子開始接觸智慧型手機的年齡也愈來愈低，許多小學階段的孩子已經透過手機與同儕之間傳送訊息、進行線上遊戲、參與網路社群活動等。這使得傳統的霸凌行為無可避免地透過網路世界進入年輕孩子的生活。一項發表於 2012 年《國際學校心理學期刊》的英國研究即指出，7 至 11 歲的兒童遭受網路霸凌的比例高達 20.5%。

不同於傳統霸凌，網路霸凌所具有的特性常使其傷害更難加以預防和修復。這些特性包括：1、網路的匿名性讓霸凌者更肆無忌憚地對受害者放肆攻擊；2、網路所造成的時空距離讓霸凌者容易失去對受害者的同情和同理；3、網路的快速傳播性使得傷害蔓延迅速，來不及遏止；4、網路的無所不在，也讓受害者即使回到家中也逃脫不了霸凌者的惡意攻擊；5、網路所留下的永久數位足跡使得受害者要長久面對霸凌所造成的傷害。

網路霸凌所造成的創傷引起關懷兒童青少年心理健康者的重視。教育部特地修訂《校園霸凌防制準則》，將網路霸凌納入其中，於 2020 年 7 月 26 日公布。霸凌定義已更新為：個人或集體持續以言語、文字、圖畫、符號、肢體動作、電子通訊、網際網路或其他方式，直接或間接對他人故意為貶抑、排擠、欺負、騷擾或戲弄等行為，使他人處於具有敵意或不友善環境，產生精神上、生理上或財產上之損害，或影響正常學習活動之進行。這使得執法者、教育者在面對「網路霸凌」的議題上有法可循，也有益於發展出具體的干預策略。

傳統霸凌與網路霸凌的比較

	傳統霸凌	網路霸凌
霸凌者的資訊	通常清楚可知	霸凌者透過匿名或假冒掩飾其真實身分，因此難以確認
場所	校園、工作場所等的實體環境	社群媒體、通訊軟體、遊戲平台等網路暨電子空間
時間性 / 延續性	離開受霸凌的場域可以稍作喘息	迅速傳播、無時無刻地跟隨受害者；數位足跡的無法抹滅造成長久的陰影
方式 / 工具	透過肢體、語言暴力和排擠等方式進行霸凌	主要透過文字、圖片、影音在社交媒體、通訊工具等電子設備上進行霸凌

來勢洶洶的網路霸凌

文 / 黃嘉慈

你需要知道

根據易索普研究集團（Ipsos） 2018 年針對 28 個國家及地區的成人所進行的國際性調查發現，有 33%的父母表示，他們知道在其居住的社區中有孩子曾經遭受網路霸凌。在台灣，依據兒童福利聯盟《2016 年台灣兒少網路霸凌經驗調查報告》的資料顯示：高達七成六的兒童青少年曾在網路上目睹網路霸凌或是有受害經驗。
網路的匿名性、傳播迅速、缺乏監督、無限循環以及留下「足跡」等特性，使網路霸凌比傳統霸凌更具傷害性！

無地域差別，日趨嚴重的現象

依據易索普研究集團（Ipsos）持續針對 28 個國家及地區的成人所進行的國際調查發現，在 2011 年，全球有 26%的父母表示，在其居住的社區中有孩子曾經遭受網路霸凌。在 2018 年時，這數據已上升至33%。而由美國霸凌研究中心（Cyberbullying Research Center）進行的調查指出，在美國約有37%、年齡介於12至17歲的青少年曾遭受過網路霸凌。另外，依據美國皮尤研究中心（Pew Research Center）一項2018年的研究發現，青少女較容易遭受謠言的騷擾，以及收到裸露、不雅的圖片。

在英國，由霸凌英國（Bullying UK）所進行的《全國霸凌調查》顯示，79%的青少年曾目睹他人在網路上被霸凌；57%的青少年曾在Facebook被霸凌；52%成為網路謠言的對象；46%曾在網路上被威脅。此外，38%的青少年覺得網路並不安全。

日本一項在2015年發表，以高中生為對象的研究指出，22%的日本青少年曾遭受過網路霸凌。

在南韓，網路霸凌狀況一樣嚴重，根據南韓教育部2018年進行的調查結果，有10.8%的中、小學生表示曾遭受網路霸凌。另一項發表於2017年，針對南韓4千名國、高中學生所進行的研究則發現：男生的網路霸凌行為比例高於女生、而女生透過線上聊天對他人施展暴力的比例高於男生。

在台灣，依據兒童福利聯盟《2016年台灣兒少網路霸凌經驗調查報告》的資料顯示：將近四分之三的兒童青少年（74.1%）覺得網路霸凌情形嚴重，高達七成六的兒童青少年曾在網路上目睹網路霸凌或是有受害的經驗。

這些來自全球不同國家的數字充分顯示了網路霸凌並非僅是區域性的議題，它所影響的是全球兒童青少年的身心健康。

網路霸凌—只要上線，就有可能發生

而網路霸凌會發生在那些平台？

透過不同媒介，網路霸凌會發生在不同的網路場域。最常發生的地方，通常是青少年聚集的社交或遊戲平台中。在 2000 年初，青少年多使用聊天室作為聚會點，這也成為霸凌最常發生之處。近年來，許多青少年開始使用社群媒體，像是 Instagram、Snapchat、Line、Twitter 等，或是透過線上遊戲如：Roblox、League of Legends、Overwatch 等來聊天，這也使得網路霸凌發生在這些場域的機率大大增加。此外，在擴增實境、虛擬實境環境、社交遊戲網站，和匿名應用程式，也都有網路霸凌的實例。

根據兒童福利聯盟《2016 年台灣兒少網路霸凌經驗調查報告》指出，網路霸凌發生的場合，排名首位的是「社群網站」（93.2%），例如：Facebook、Twitter 或微博；再來則是「通訊軟體」（48.0%），例如：Line、What's app 或 WeChat。

網路霸凌比傳統霸凌更具傷害性

霸凌的攻擊型式可分為直接霸凌與間接霸凌。

直接霸凌是直接以身體或語言做出生理方面之攻擊行為，如：毆打或辱罵；而間接霸凌則是透過其他媒介做出心理方面之傷害行為，如：散布謠言、關係排擠等。無論是傳統霸凌或網路霸凌，都可能出現直接和間接的攻擊型式。有時，傳統霸凌也可能延伸至網路霸凌，如校園中的霸凌者同時以簡訊恐嚇，或是在社群媒體中嘲笑、辱罵受害者。

根據英、美兩國共同合作的微笑網際基金會（CyberSmile Foundation）所提供的資料指出，網路霸凌會造成比傳統霸凌更大的傷害，原因包括：

1、網路的匿名性：網路使用者可以在不公開個人真實姓名，僅以帳號或暱稱的情況下發聲，這使得網路霸凌加害者可以用虛假身份（例如：虛假的電子郵件帳號和社交網路身分）來對受害者進行霸凌，讓霸凌者因減少被懲罰的恐懼而更恣意地攻擊對方。

2、缺乏監督：儘管社群網站和聊天室可以透過管理來刪除傷害性的訊息，以保護成員的安全，然而這些措施在減少網路霸凌上並不能保證是有效的。以臉書來說，涉及暴力、性剝削等圖片，99%可由 AI 主動發現而下架，然而文字部分，由於內容有時過於隱晦，無法透過 AI 來把關，因此仍需依靠民眾或網路內容防護機構來舉報。此外，電子郵件和即時通訊很難監控。再則，當青少年意圖在網路上惡意批評或傷害他人時，通常會躲在自己的私密空間中，使得父母或師長、手足也不易發現，無法適時加以制止和提供需要的指引。

3、受害者覺得自己被禁錮：與傳統霸凌不同的是，網路霸凌受害者即使待在家中也無法逃脫被霸凌的折磨。由於網路已成為大多數青少年生活的一部分，因此網路霸凌者只要有機會就可以隨時隨地騷擾受害者。這使得受害者即使在家中也覺得沒有安全的地方可以放鬆。

4、訊息散播的快速性與數位足跡（digital footprint）：因為網路儲存資料及傳播的特性，使網路霸凌所張貼的影片和圖片，可能會永久地留在網路上，或為他人下載儲存。此外，訊息散播的快速性，使得訊息能在極短時間內就快速地散播給許多人。由於社會認同和網路形象對於青少年的自我認同非常重要，因此網路霸凌對受害的青少年往往造成莫大的羞辱以及心靈上的創傷。

遭受傳統霸凌與網路霸凌傷害時的回應差異

	傳統霸凌	網路霸凌
停止的機會	清楚霸凌者在哪裡，較有機會針對其動機和行為進行處理，停止的可能性較高	不清楚霸凌者是誰，或因人數眾多難以遏止其霸凌行為；網路流傳的訊息會留下數位足跡，因此受害者可能會覺得霸凌無止期
被霸凌的可近性	受害者多與霸凌者在實體空間上有所接觸，因此若是離開霸凌者，受害者避免遭受霸凌的機會較高	霸凌者隨時隨地能以電子媒體進行霸凌；即使受害者與霸凌者未見面，霸凌仍在進行中
覺察與回應	受害者通常可以覺察到霸凌即將發生，盡快採取保護措施；若不幸發生了，也可立即尋求協助	由於無法掌控霸凌者的施暴平台，受害者經常是在事件發生之後才由他人告知，因而失去立即回應和止血的時間點

一線間，開玩笑還是網路霸凌？

文 / 黃嘉慈

你需要知道

全球有 70.6% 年齡介於 15 － 24 歲的年輕人遭受網路暴力、霸凌和騷擾。有調查發現，網路霸凌者一開始並不是全都以傷害某人為目的，有些人自認為只是開玩笑或抒發己見與評論，但對接收訊息的人而言，那已經成為殘忍的暴力。網路霸凌的界線，也許已超乎你所想像的範圍，當心在無形之中，自己成為網路霸凌的加害者。

網路的興起，不光改變了我們蒐集資訊、學習的習慣，也大大改變了社交與他人溝通的模式。有電話的時代，只要掛上電話，就不會聽到訊息，現在透過多樣化的社交媒體，即便不當下回應，隔日，甚至更久的時間，訊息依然會存在與傳播。甚至只需要一秒鐘，它就已傳播至世界各地了。隨著全球使用社交媒體已突破

20 億的用戶，且持續增加中，訊息共享幾乎是即時的。現今青少年幾乎都將社交媒體作為溝通、展現自我，以及建立關係的主要管道。社交媒體對於年輕人的學習、社交、休閒和發展的確有正面影響，但它也同時塑造更易發生霸凌的環境。

源自於玩笑，對他人卻是無法抹去的傷害

根據隸屬於歐盟的網路霸凌防治非營利組織（Media Needs Talent）對青少年進行的一項調查結果指出，做出網路霸凌行為的青少年表示，他們在發布訊息或影像、照片等內容時，並不認為自己會傷害任何人，而是單純地認為是出於娛樂或好玩、只想使受害者難堪、向朋友炫耀、或覺得是對方應得的等。這表示，網路霸凌的發生，並不是全都以傷害某人為目的而開始。許多加害者覺得自己僅是開玩笑或抒發己見、隨意評論，並不自覺這些內容可能對對方造成極大的傷害。

識別 10 種網路霸凌形式，防傷害，防觸法

網路霸凌有多種形式，每種方式都有不同的因應方式。教導兒童及青少年做出正確的識別，是保護自己非常重要的一環；但同時也須提醒兒童及青少年，在透過網路與人溝通時，要常省思自己的行為與發言，因為任何一項作為都可能傷及他人，也可能觸法。根據國外提供網路安全服務公司的專家指出，網路霸凌的類型可

區分為以下 10 種：

1、排擠（Exclusion）：一種故意將某人忽略的行為，它可能發生下述情形：

· 將某人排除在朋友的聚會或活動之外。

· 朋友們使用網路進行對話，並標記其他朋友，但故意沒有標記被霸凌者。

· 被霸凌者因為沒有使用社交網站或沒有智慧型手機，而被他人有意地排除在對話之外。

2、騷擾（Harassment）：這是一種持續的、經常發生的，以及蓄意的霸凌行為，包括寄給被霸凌者個人，或在團體中發布對被霸凌者的辱罵或惡意的、威脅性訊息，傷害被霸凌者的自尊和自信，並使他們感到害怕。若騷擾一直持續，讓被霸凌者無法從網路霸凌中獲得喘息，會導致被霸凌者極度的恐懼和痛苦。

3、爆料（Outing）：一種未經被霸凌者或團體的同意，就在網路上發布私人的、敏感的訊息、讓該人或團體難堪，甚至遭來公開羞辱的蓄意行為。爆料可以多種方式產生，所揭露的訊息可以是嚴重的或瑣碎的。即使只是念出被霸凌者手機中的訊息，也是一種爆料。

4、網路跟蹤（Cyberstalking）：這個行為意指霸凌者針對特定對象，透過電子郵件、即時訊息或是社交媒體、討論區的訊息聯絡功能等方式持續發送騷擾及具威脅內容的訊息，或對其生活投注不適當的注意力，這種形式是一種犯罪行為，會對被霸凌者的身體健康或安全構成真正的威脅。網路跟蹤也可以指成年人利用網路聯絡兒童及青少年，並意圖與他們發生性關係的行為。

5、假冒（Fraping）：假冒的英文原意Facebook及rape（強姦、搶奪）兩字的組合，指登入被霸凌者的社交網路帳戶，並假冒當事人張貼不適當的內容。假冒是一項非常嚴重的罪行，在網路上假冒他人並破壞其聲譽可能會造成嚴重後果。

6、偽造個人資料（Fake Profiles）：某人隱藏自己的真實身分，偽造個人資料，對他人進行網路霸凌。霸凌者還可能使用他人的電子郵件或手機對被霸凌者進行網路霸凌，讓情況看起來好像是其他人在發送威脅。網路霸凌者因為擔心暴露自己的身分而使用假帳號，這通常表示此霸凌者對被霸凌者非常了解，因為若是不認識，霸凌者也不必隱藏身分。

7、詆毀（Dissing）：在網路上發布不利於被霸凌者的訊息，包括：個人照片、文字、影片或螢幕截圖，以破壞被霸凌者的聲譽或與他人的友誼。這種做法是為了傷害被霸凌者，透過破壞其形象來達成目的。這類霸凌者通常認識被霸凌者，也因此讓被霸凌者更感到受傷。

8、欺騙（Trickery）：霸凌者藉由騙取被霸凌者的信任以便得知其祕密，再將其資訊公開在網路上，使他們感到難堪。

9、挑釁（Trolling）：一種蓄意、直接攻擊的行為，在網路論壇或社交網站中，霸凌者使用侮辱的語言或髒話來激怒被霸凌者，讓他們用同樣的方式做出回應。這類霸凌者通常會花時間尋找脆弱的人，透過讓別人難過來使自己感覺良好。

10、網路釣魚詐騙（Catfishing）：鯰魚 (catfish) 是指在網路上隱藏自己真實身分、使用假照片、假個人資料，然後重新打造出一個新的社會網路身分，藉此與其他人互動、交流。他們也會查看被霸凌者在社交網絡上的照片與個人資料，進而盜取假造新角色所需要的訊息。這和偽造個人資料（Fake Profiles）的行為相似，主要差異在於後者通常霸凌者與被霸凌者相識，已鎖定被霸凌對象而進行。

網路的世界多采多姿。透過社群媒體，我們有機會與親友保持聯繫，也有機會與世界各地的陌生人交流，它讓我們不再孤立，能時時與人保持聯繫與表達自己的心聲。然而，在享受這樣強大的便利性時，我們也將自己暴露在一個無邊無際的網際大海中。如何在這浩瀚無盡頭的海洋中安全地探索與悠哉前行，全賴我們如何健全自己的裝備。這當中，了解透過網路進行溝通交流可能存在的危險即是第一步。當我們覺察到自己或他人出現上述網路霸凌行為時，請立刻停止或通報網路管理者與執法者。只有如此，才能確保一個安全健康的網路使用環境。

網路霸凌型態的辨識摘要

主要透過文字傳遞惡意的、具傷害性或威脅性內容	騷擾（Harassment）、詆毀（Dissing）、挑釁（Trolling）
假冒身分、騙取受霸凌者的個資、信任與情感	假冒（Fraping）、偽造個人資料（Fake Profiles）、欺騙（Trickery）
大多彼此相識，霸凌行為是從真實生活延伸至網路	排擠（Exclusion）、爆料（Outing）
會造成實際生活中身體、金錢的威脅及損害	網路跟蹤（Cyberstalking）、網路釣魚詐騙（Catfishing）

虛擬的空間，真切的傷害

文 / 黃嘉慈

你需要知道

網路霸凌造成的傷害和傳統霸凌相同，都會對身心帶來莫大的痛苦，包括產生憂鬱、焦慮、恐懼等情緒，自尊降低，學習出現困難等，會影響到實際生活中的人際互動、家庭關係及睡眠、飲食等生活作息。嚴重者甚至會出現自殺念頭。根據台灣自殺防治中心 2019 年引述國外研究顯示，與傳統霸凌受害者相較，網路霸凌受害者自殺意念較高，死亡風險也更高。

根據報導，2019 年至 2020 年上半年，韓國藝人雪莉、具荷拉、排球選手高友敏、日本藝人木村花等，皆因受到網路霸凌而自殺。台灣藝人楊又穎、楊可涵在 2015 年也因為長期遭受網路霸凌先後選擇輕生。而在報導背後，又有多少正飽受網路霸凌的人未被看見，甚至要走上絕境？

如同前述，網路霸凌一開始，可能只是霸凌者認為自己開玩笑或好玩，或者認為自己只是在表達個人意見，不認為會帶給他人傷害，並未意識到玩笑已跨越了界線，造成霸凌；甚至可能認為是對方想太多或反應過度。但是網路霸凌和其他形式的霸凌一樣，都切切實實影響著受害者的身體與心理狀況。

根據美國著名親子健康網站（Very Well Family），長期倡議霸凌防治的作家 Sherri Gordon 撰文指出，網路霸凌會對青少年的心理造成的傷害包括：

1、被淹沒的感受 （Overwhelmed）：網路霸凌事件經常會有多位霸凌者參與其中，這使得受害者覺得似乎全世界都與霸凌者站在同一陣線，或在一旁觀看並嘲笑他，這樣的壓力會大到讓他無法承受。

2、無力感（Powerless）：不同於傳統的霸凌，網路霸凌沒有時間、場域的限制，可能一天 24 小時都可以透過電腦或手機接收到霸凌者的訊息，受害者即使待在家中也難逃。因此，被霸凌者會覺得威脅無所不在，無處可躲。再加上網路霸凌的匿名性，被霸凌者有時根本無法得知加害人是誰，會讓被霸凌者因此感到特別缺乏安全感、脆弱與無助。

3、羞辱（Humiliated）：由於網路傳播的無止盡，以及訊息可以被儲存與連結、轉發，被霸凌者不清楚究竟這些讓自己難堪的文字或圖片已被多少人目睹，也不知道會流傳多久，因此產生強烈的羞辱感。

4、無價值感（Worthless）：網路霸凌者常選擇最脆弱的人來攻擊，這讓被霸凌者對自己產生強烈的不滿與自責，進而懷疑自己存在的意義和價值。他們可能用某種傷害自己的方式來回應這些感覺，例如，如果霸凌者攻擊他的外表，他可能選擇以激烈、危險的方式來改變自己的外表。

5、復仇（Vengeful）：受害者有時候因為被霸凌而感到憤怒，因而採取報復的行為。但這是一種危險的因應方式，會使他們陷入「霸凌者－受害者」的循環當中。一項來自東京大學的研究發現，青少年若擁有處理自己情緒的能力，萬一被霸凌時，有助於緩解所受的創傷。

6、失去興趣（Disinterested）：遭受網路霸凌，可能會改變被霸凌者與周遭世界的關係。他們可能開始對生活感到絕望，對曾經喜歡的事物失去興趣，並減少與家人、朋友間的互動。此外，霸凌所造成的焦慮會影響他們的注意力、學習能力與學業成績，他們也可能失去對學校的興趣，進而曠課、逃學。在某些情況下，受害者會選擇輟學或是不再升學，甚至可能陷入憂鬱並出現自殺念頭。

7、孤立（Isolated）：由於友誼在青少年階占有重要角色，網路霸凌有時會導致被霸凌者在學校受到排擠，讓他們感受到十分孤單和痛苦。而沒有朋友，又可能會遭來更多的霸凌。另外，大多數人會建議網路霸凌受害者關掉電腦或手機，然而，對於許多青少年來說，電腦和手機是他們與人互動的重要工具，要他們把電腦和手機通通關掉，他們會覺得自己已與世隔絕，產生更強烈的孤立感。

8、憂鬱（Depressed）：網路霸凌經常使被霸凌者喪失自信和自尊，受焦慮、憂鬱以及其他與壓力有關的症狀所苦。而應付網路霸凌的壓力也消磨了他們的幸福感。

9、身體不適（Physically Sick）：被網路霸凌者經常出現頭痛、胃痛，或有其他身體不適的症狀。而被霸凌的壓力也會造成與壓力有關的病症，例如：胃潰瘍和皮膚疾病。此外，被霸凌者可能因此改變飲食習慣，變得不進食或暴飲暴食。而他們的睡眠習慣也可能受到影響，例如：失眠、比平常睡得更多，或做惡夢。

10、自殺（Suicidal）：網路霸凌會增加自殺的風險。被同儕不斷地透過網路以訊息、即時通訊、社交媒體或其他管道折磨的孩子，常常感到絕望，甚至可能開始覺得唯一能夠擺脫痛苦、逃離霸凌者的方式，就是自殺。

此外，根據美國霸凌研究中心（Cyberbullying Research Center）資料顯示，網路霸凌受害者與遭受傳統霸凌、非法藥物濫用，和其他校園問題上的人相比較，有較高的自殺風險。另一項由 Swansea 大學醫學院、牛津大學，和伯明翰大學共同合作，針對 30 個國家及地區，共 15 萬名 25 歲以下的兒童和年輕人所進行的研究發現，與未曾遭受網路霸凌者相較，網路霸凌受害者出現自傷和自殺行為的風險，超過兩倍以上。該研究更發現，不僅僅是受害者，網路霸凌加害者在自殺想法與行為上，同樣處於高風險。因此，有關霸凌防治的干預策略與措施，應同時將霸凌的加害者與受害者列入考量。

青少年遭受到網路霸凌的觀察指標

許多被網路霸凌者因為害怕「社會污名化（social stigma）」所帶來的恥辱感，或是擔心使用電腦、手機的權利將被剝奪，而不想將自己遭受網路霸凌的事情告訴老師或父母。這使得擔心孩子陷入網路霸凌的父母或師長感到憂心。雖然每個孩子在面對霸凌時可能呈現不同的反應，然而，我們仍可以從一些觀察指標來了解孩子的狀態：

- □ 對電腦或手機失去興趣
- □ 收到簡訊或電子郵件後顯得緊張不安，或在使用網路或手機的當下或之後，顯得難過或生氣
- □ 不想討論有關電腦或手機的活動，非常保護自己的網路生活
- □ 與家人、朋友變得疏離
- □ 不願上學或參加學校和其他社交聚會
- □ 學業成績下滑
- □ 情緒不穩、易怒、焦慮、躁動不安或壓力很大
- □ 睡眠或食慾出現變化
- □ 自傷或自殺的企圖

被網路霸凌都是我的錯？

文／黃嘉慈

你需要知道

會參與網路霸凌或會遭受霸凌的兒童青少年，並非只限於行為偏差或是被邊緣化的孩子，任何孩子都可能發生。而且不同於傳統霸凌，網路霸凌也會發生在陌生人之間。許多父母不清楚網路世界如何運作，輕忽網路世界的影響，不知道孩子遇到誰，怎麼對話；或是想要尊重孩子網路使用的行為，未去深入瞭解其使用的平台，很有可能讓孩子在遭受網路霸凌時，不敢開口或不知道如何求助。父母和教育者需要了解這個虛擬世界，教孩子建立清楚的界限，以保護他們的安全。

談到霸凌者，我們很容易就聯想到多拉A夢中的胖虎：塊頭高大、性格衝動、成績不佳，又非常自我；或是一些街邊混混、缺乏家庭照顧的孩子。然而，根據臨床心理學博士 Elizabeth Englander 指出，大多數參與網路霸凌的孩子，並非是所謂「被邊緣化」的孩子，他們就是「一般的」孩子，可能在實際生活上遭遇到或感受到自己被威脅或傷害，進而想要報復而採取的行動；又或者是認為自己「只是在開玩笑」。

根據《偏差行為》（Deviant Behavior）期刊中的研究報告指出，傳統霸凌事件的霸凌者也成為網路霸凌者的比例，比原非傳統霸凌者卻成為網路霸凌者，高出2.5倍。另依據美國霸凌研究中心（Cyberbullying Research Center）主持人Hinduja和Patchin教授於2015年發布的研究指出，在其調查中，21.1%的受害者表示網路霸凌者是現在的朋友，20%表示是過去的朋友，6.5%表示是其他在學校裡的人；只有6.5%的人表示網路霸凌者是陌生人。霸凌者並非完全是陌生人。

網路霸凌者的人格特質與動機

從個人的外觀上要判斷出誰是網路霸凌者並不容易。根據國外多位學者彙整及提出網路霸凌者的動機與人格特質，包括以下：

1、受到他人鼓舞：某些人看到霸凌者對他人進行霸凌，不僅沒有受到懲罰，還引起更多關注，因而受到鼓舞，也跟進霸凌別人。此外，許多網路霸凌者總是「群起行動」，這使他們認為自己並非「唯一的」的惡霸，受到制裁的可能性也較小，因此更大膽地攻擊他人。在網路的匿名掩護下，霸凌者不須面對被霸凌者的反應，也無形中鼓舞了霸凌者的行為。

2、極端的人格特質，長期有霸凌行為者，其人格特質在如忌妒、癡迷和缺乏同理心的表現上，比一般人更加極端。

3、負向情緒的投射：網路霸凌者透過汙衊、謾罵來將無法接受自己的部分投射到被霸凌者身上，以消去自己心中的不平與不安。例如，霸凌者認定被霸凌者心懷不軌（其實是霸凌者自身有惡意），或是要伸張正義（曾有被虧欠、被遺棄的憤怒）等，經由集體的熱血攻擊，獲得了暫時的興奮感，或暫時減輕自己的沮喪感。

4、難與他人建立正向關係：網路霸凌者可能因為幼年的經驗或過去的創傷，不知道如何與他人建立正向、支持性的連結，而習慣性的以負面、破壞性的溝通方式在網路上與他人進行對話。

5、博取社會地位：心理學家 Gilbert 和 McGuire 指出，人類會透過攻擊和吸引力來獲取社會地位。這些行為的原始本質正好可以解釋人們在網路平台上的行為表現，如，透過才華和能力來吸引他人、獲得肯定並發揮正向的影響力；或是採用「侵略性」策略，例如：威權、恐嚇或壓制，來讓別人感到害怕而順從以得到社會地位。

「羞恥感」讓遭受網路霸凌的孩子不開口

根據英國一個以促進民眾身心健康為宗旨的慈善組織（The Deborah Ubee Trust）的兒童青少年部門主任，也是心理動力取向兒童青少年心理諮商師 Rosie Staden 表示，來機構求助的個案，通常不是因為遭受網路霸凌，而是因為出現其他的心理、行為，或社會適應上的問題，如：焦慮、憂鬱、拒學，或出現自傷行為時，才會被轉介前來。這些孩子通常不會告知父母他們遭受到網路霸凌，主要是因為「羞恥感」，或是擔心父母告知學校會把事情愈鬧愈大。還有些孩子是想保護父母，不想讓他們擔心。Rosie Staden 主任說明，遭受網路霸凌，會讓孩子對自我價值產生懷疑，因此在治療工作中，建立「自我形象」與「自尊」是主要重點。與孩子一起探索自身的情緒，如：羞恥感、無助感、憤怒等，是非常重要的工作。此外，與孩子一起討論困擾著他們的問題，如：社群媒體中所呈現的「完美形象」、如何處理忌妒的情緒等，讓孩子有機會進一步了解自己真實的感受和想法，進而發現與接納自己的獨特性和需要，以達到自我認同的目標。

告訴受害者不是他的錯、不是他大驚小怪

許多父母不清楚網路世界如何運作，因此也不可能知道孩子究竟在網路上遇見誰？認識誰？有什麼樣的對話？或因為不了解而輕忽網路世界的影響。也有父母認為要尊重孩子隱私，因此不敢過

問。在實體世界中，我們不會在沒有任何保護措施下就將孩子獨自丟在一個有潛藏危機的陌生環境中，我們也有相對完整的律法和執法者來規範大眾行為，以維護個人身家安全。然而，我們現在卻讓孩子在沒有完整、清楚的保護措施下，獨闖網路世界。孩子們一旦連上網路，就等於將自己暴露在許多不同的空間（如：聊天室）以及來來往往的陌生人當中。在這樣的空間裡，孩子很容易感到困惑、迷失或受到欺騙。因此，父母和教育者需要了解這個新世界，教孩子建立清楚的界限以保護他們自身的安全。

Rosie Staden 也分享英國警方介入網路霸凌的實例。

青少女 H 受到一群認識的朋友網路霸凌，這些霸凌者不斷地在他們共同的群組中汙衊和嘲笑 H。霸凌事件讓 H 變得非常焦慮，甚至無法上學。H 在接受精神科治療時，一位護士在了解狀況後協助報警。

警方很快地與 H 面談，清楚的告知 H，受到網路霸凌並非她的錯，並教導她如何使用手機蒐證。警方也迅速連絡所有的霸凌者，讓他們知道網路霸凌是犯罪行為，以及可能的後果。警方要 H 保持聯繫，一旦再有霸凌發生，就隨時通報。事件因此告一段落。

H 事後提到，警方對她表示，遭受霸凌不是她的錯，給了她很大的力量。因為在遭受霸凌期間，她不斷懷疑自己是否哪裡做錯，才導致被霸凌；此外，警方以認真和嚴謹的態度處理這事件，也讓她覺得自己的痛苦被正視了，整個事件並非如家人所說的，只是她大驚小怪或太懦弱。

Rosie Staden 認為，除了教導孩子如何通報網路霸凌事件外，更重要的是教導孩子，如何在網路上尊重人我關係，例如：同理心，讓孩子設身處地站在受害者的立場去感受霸凌可能造成的傷害，可以讓孩子知道在電腦或手機的另一端也是個活生生的人，並不是冷冰冰毫無感覺的機器。讓孩子了解在實體世界中尊重他人的態度，在網路世界中一樣重要。

附註：〈The Deborah Ubee Trust〉是英國註冊的慈善機構，坐落於格林威治，主旨在促進大眾心理健康，提供專業的成人與兒童青少年心理諮商與治療服務。

甚麼樣的人較容易成為被網路霸凌者

Q：男生受到網路霸凌的比例比女生高？

A：否，女生比較容易成為被霸凌者

根據英格蘭公共衛生署 2017 年的報告指出，女生遭受網路霸凌的機會是男生的兩倍。另外，美國《國家教育統計中心》的研究也證實，網路霸凌對年輕女孩的危害最大。

此外，英國國際計畫組織（Plan International UK）一項針對 11 至 18 歲青少年所進行的調查發現，有一半的女生曾在社群媒體上遭受某種形式的騷擾與虐待；23%的女生在社交媒體上定期的受到某人騷擾，男生則為 13%。

Q：同性戀者、双性戀者、跨性別者比較容易被霸凌？
A：是。

根據《同志直人教育網絡（GLSEN）》的調查指出，相較於其他年輕人，LGBT （女同性戀者、男同性戀者、双性戀者與跨性別者）的青少年遭受網路霸凌的比例，高出三倍之多。

Q：身心障礙者比較容易受到網路霸凌？
A：是。

根據反霸凌聯盟（Aniti-Bullying Alliance）的研究指出，有身心障礙的孩子，雖然使用網路的機會比同儕少了20%，然而他們遭受網路霸凌的機會，約是沒有身心障礙者的兩倍。此外，有「特殊教育需求（SEN）」的孩子遭受網路霸凌的比例，比未有特殊需求的同儕高出12%。該研究還發現，有身心障礙的孩子經常在網路上看到人們使用不堪的語言嘲笑身心障礙者，或遭人用不堪的語言直接攻擊，這讓他們在心理上受到很大的傷害。

他／她被網路霸凌的信號

Messages....

是美好友誼的開始，還是惡意的騙局？

諮詢 / 陳質采
（衛生福利部桃園療養院
兒童精神科醫師）

文 / 鄭碧君

你需要知道

網路釣魚詐騙（Catfishing）：在網路上使用假姓名、偽造個人資料來和他人互動（通常雙方互不相識），博取信任，建立密切關係；或是使用被霸凌者的姓名和個人資料，以其名義發言、發文、傳播訊息與他人互動。最常發生於交友性質的社交媒體（例如 FB、Tinder），受害者可能會遭受到聲譽受損、情感被欺騙，被詐騙財物，及誘騙見面而被侵害身體的情形，也越來越常見。

年輕的攝影師 Nev Schulman 某天收到一幅根據他拍攝的照片所繪製的畫像，十分驚喜，後來發現這張繪畫竟是由一位年僅八歲的小女孩 Abby 完成，於是他和 Abby 透過 Facebook 成為好友，並進而結識了她的姊姊 Megan。幾個月後，Nev 和 Megan 兩人發展出浪漫的網路戀情。正當 Nev 以為終於找到真愛，並獨自前往女孩家和她相見時，才意外得知他以為的妙齡女子 Megan，其實是一個名叫 Angela 的已婚中年婦女……。

以上情節來自 2010 年由 Ariel Schulman 拍攝的紀錄片《Catfish》。Catfish 原意為鯰魚，影片以此命名，乃是根據片中 Angela 丈夫講述：為了維持鱈魚的鮮活度，漁民會將鱈魚的天敵—鯰魚，和捕獲的鱈魚放在一起，好讓鱈魚保持警戒心，在運輸過程中始終處於活躍的狀態。他借用 Catfish 來比喻自己的妻子透過迷人的假身分，在他人平靜的生活裡掀起波瀾，自此之後，Catfish 就被引申為「在社交網站以虛假個人資料與身分欺騙網友的人」，Catfishing 則是指網路釣魚詐騙的行為。

專攻人性弱點以取得信任

衛生福利部桃園療養院兒童精神科醫師陳質采表示，使用假名、假身分的情形，在現實成人世界中屢見不鮮，其背後有著非常複雜的目的，「例如蓄意騙取金錢。通常不像影片中的女主角，只是因為生活苦悶無聊，單純找尋刺激而已。」至於不具經濟能力的兒少族群，詐騙者大多是掌握兒童和青少年寂寞或期待被人了解等需求，趁虛而入，透過虛擬角色在網路上回應這些兒童青少年並給予關懷，到了某個階段，便可能進一步要求孩子裸露身體器官、拍攝照片來獲得性滿足，或盜用其帳號。

例如，發生在美國威斯康辛州的一個案件。一名 18 歲男孩安東尼，在臉書上將自己化身為兩個女孩，和他高中時期認識的許多男生變成臉友，並分別談起網戀；後來說服其中至少 31 個男生將裸照傳送給他，再以「若不遵從指示便發布照片」為由，對七個男孩進行性侵。最終，安東尼被控多項罪名而入獄服刑。陳質采醫師提醒，近十年來儘管網路相當普及，但無論是站在防治網路霸凌或網路使用安全等角度，兒童和青少年的網路素養和認知確實亟待培養，包含判斷網友的個人背景及貼文話語的真實性，以及如何保護自己的隱私權，如是否需要顯示個人照片、私人生活和所在地點等。

「國小階段的學童懵懵懂懂，可能會把網友的關係認為是愛情，或將對方當成很關心自己的人。」她回憶，曾在某次育幼機構輔導的過程中，無意間發現院童可能捲入了網路釣魚詐騙事件。那名女院童對網友的刑警身分深信不疑，只因為該名網友的大頭照穿著制服，「孩子們的天真，或是他們在生活上面臨到的寂寞、孤單心境，都是最常被惡意利用的部分。」

另外要注意的是，網路釣魚詐騙的形式，有時還會加上恐嚇詐財手段，尤其是針對有更多自主經濟能力的大學生，例如用「如果不給錢就對你的父母不利」等話語，進行金錢勒索。

使用假身分－是自我保護還是詐騙？

而遭受 Catfishing 網路釣魚詐騙的網路霸凌比例有多高呢？由於定義不一，沒有確實數據。若間接估計，根據 2019 年 Facebook 的報告，每月活躍帳戶裡有 5%為假帳號。假使這樣做的目的，是為了保護個人隱私，避免自己的真實身分曝光，而不是用來作為取得別人信任、有目的性的欺騙，並不會導致什麼問題；可是如果建立假身分，為的是騷擾、羞辱、嘲笑，或傷害他人，則完全是另一回事了。此外，根據一篇 2019 年美國喬治亞大學的學者 Carolyn Lauckner 探討年輕男性成人使用約會軟體的研究也顯示，有 65%的受訪者提及曾經受騙的經驗。

值得注意的是，跟隨在網路釣魚詐騙行為的背後，可能發生網路霸凌、網路騷擾，和網路跟蹤等網路犯罪的情形，受害者不僅遭受到精神層面的傷害，有時也會遭遇身體上實質的傷害，例如被攻擊、性侵，或在真實世界裡被跟蹤。儘管攻擊、性侵及跟蹤的行為都已明確觸法，卻不易追查，因為嫌疑人不容易查證，傷害的舉證困難，況且司法過程又費時耗神，通常難以訴訟成功，將犯人繩之以法。

培養孩子的網路素養與認知

至於父母、師長可以從哪些面向去覺察到孩子或許有遭受網路霸凌的可能？陳質采醫師表示，一般而言，較被動內向、認為網路比真實世界安全的孩子，相對容易是被騙的對象。

被欺凌時，「大多數孩子一開始都不會說的，因為覺得是自己犯了錯，或是感到沒面子，受傷了；如果又加上受到加害者的威脅，就更不敢說了。」不過要是發現孩子近來神色有異，或者情緒、行為都和過去有所不同，尤其是出現焦慮、煩躁的情緒；或者是原本熱愛上網卻突然變得不再喜歡等，父母、師長都應該關心他是否發生了什麼事。陳質采醫師建議，可向孩子詢問「最近有沒有需要幫忙的事？」或是向孩子表達「要是碰到一些麻煩或無法解決的狀況，都可以找我」等。

然而，要真正避免兒童及青少年陷入網路釣魚詐騙類型的網路霸凌，事前的預防更為重要。

首先，應培養孩子具備網路素養與認知，如隱私權的維護，不要在網路上公開個人訊息，包含電話、地址、就讀學校，也不要走到哪都要在社群網站打卡，透露自己的行蹤。此外，告訴孩子，網路上看到或聽到的訊息，都可能是捏造、虛假的；提醒他們，當素未謀面的人比起身邊的父母、親友、師長、同學朋友，都來得更關心他時，要留意是否對方有其他奇怪的要求，防止這個人別有居心。「要讓孩子知道，如果有人對他提出一些要求，但看起來是『非必要』的，那麼他絕對有權利拒絕。」陳質采醫師補充。

不涉及直接面對面接觸的網路霸凌，表面上看來，使用者在某些程度上似乎握有較大的自主權，比如藉由「關掉、停用」就可斷絕往來。但事實上，比起傳統的校園霸凌，網路霸凌的加害者更不容易查證，而且網路隨時隨地、無遠弗屆的散播特質，讓受害者在精神面受到傷害的程度更大。陳質采醫師指出，家長或老師宜同理孩子所受到的傷害，給予已掉入網路釣魚詐騙陷阱的孩子關懷與支持，並幫助他們建立健康的兩性關係概念。另外，也可協助孩子截圖保留完整聊天記錄、簡訊、電子郵件、圖文影像等資料（包括日期、對方帳號、對話），做為報警（一年內）及訴訟（事發半年內向發生地的地方法院提出民事訴訟）的佐證。

覺察是否遭受網路釣魚詐騙

對方拒絕用視訊聊天（找很多理由拒絕，例如：正在工作、開會、場所不適合……等）
對方總是有很多的故事可訴說（例如：自己遇不到對的人、悲慘的經驗……等）
非常快速就和對方建立關係（對方總是噓寒問暖，及時給予安慰與支持）
對方帳號顯示的好友數量很少、發文內容也少
對方呈現出完美的狀態或特質，似乎找不到缺點（例如：風趣、健談、貼心……等）

我有言論自由，所以隨我怎麼說？

諮詢／胡延薇
（淡江大學通識與核心課程中心專任講師）
黃雅芬
（黃雅芬兒童心智診所院長）
文／鄭碧君

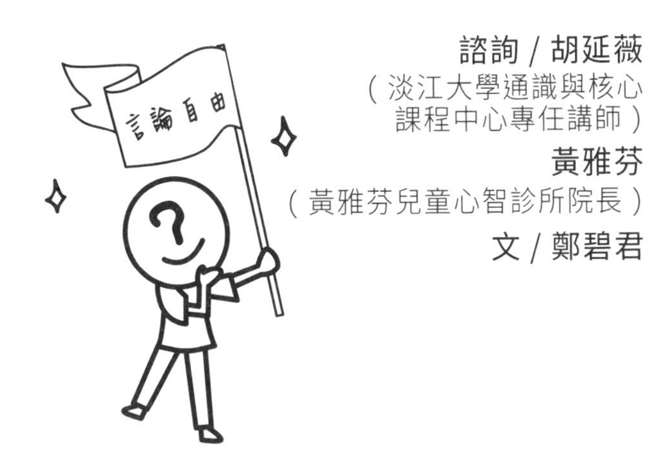

你需要知道

挑釁 (Trolling)：在網路論壇、聊天室、社交及視頻網站上，使用侮辱性語言、髒話來回覆或留言，或故意散布不實謠言、煽動性評論，來激怒或貶抑某個人，讓對方用同樣的方式做出回應。霸凌者不一定與被霸凌者相識，他們會花時間尋找較脆弱的人，然後透過讓別人感覺難過、難堪，來使自己獲得良好的感覺，並藉此引起其他人的關注。

2018 年 9 月，駐大阪經濟文化辦事處前處長蘇啟誠，因燕子颱風侵襲日本導致台灣旅客滯留關西機場，遭質疑有處置失當之嫌並引發民怨後，留下遺書表明「不想受到羞辱」後自縊身亡。事後經檢警偵辦，發現當時確實有人利用大批網軍至 PTT 散布假訊息、辱罵大阪辦事處，企圖操作網路風向。

身為公眾人物尚且如此，一般人呢？根據美國網路霸凌研究中心（Cyberbullying Research Center）在 2016 年一項針對 12 至 17 歲美國學生的調查指出，孩子最常遇到的網路霸凌，就是刻薄卑劣的評論、網路謠言，或遭受與種族或性方面有關的言語攻擊。這種網路霸凌就稱為挑釁 (Trolling)，施暴者即所謂的「網路小白」、「酸民」、「網魔」。Troll 的原意是指北歐神話中的一種巨魔或山怪；Trolling 則是漁業用語，指漁船以拖網來捕魚的方式。在網際網路上，Trolling 是指躲在暗處，蓄意去「釣」出某些人，以獲得回應或吸引關注。

小心成為鍵盤酸民！帶有惡意、情緒性的發言能傷人

在短短的數十年間，科技的進步已改變了人類的文化甚至是價值觀。手機、網路已成為日常不可或缺的一部分，而社交媒體也已成為絕大多數人主要的新聞和輿論渠道，包括早期的 BBS、PTT，以及現在十分普及的 FB、Twitter，和大學生最常用的 Dcard 等。由於社交媒體是一個讓任何人都可以自由表達意見的領域，但它開放與匿名的特性，也讓社交媒體充斥著侮辱、揶揄、嘲諷，或肆意攻擊的話語。

淡江大學通識與核心課程中心專任講師胡延薇提到，過去曾輔導一位擔任學生會代表的學生，他認為自己針對大學校園政策所做

的討論與推動，是理性、客觀的，沒想到卻招來一連串在 PTT 論壇上的批評與謾罵，諸如「你頭腦不清楚嗎」、「學校調漲學費，你就是幫兇」、「想當立委助理或選立委吧」、「假清高」等，除導致原有議題嚴重失焦之外，也讓他感覺到人格受辱。

兒童青少年精神科醫師黃雅芬表示，在網路上發動挑釁的人，其心理非常類似在日常生活中有些孩子為了引起別人注意而刻意做出違規行為的心態，「就算引來責罵或糾正，也覺得自己至少得到了關注，總比什麼都沒有來得好，在心理上感到慰藉，甚至還感覺很刺激。」這時，如果受到攻擊的一方積極回應，甚至反擊，挑釁者通常會變得更為興奮與激動，然後繼續向對方發動攻擊。

藉由不斷練習，真正同理他人感受

不幸的是，挑釁似乎是近年來席捲整個網路世界的一種普遍現象。美國 Statista 網站一份於 2017 年針對 18 至 69 歲共 1020 位調查對象的統計數據顯示，有 38%的受訪者每天都會在 Facebook 和 Twitter 等社群媒體上，看到挑釁者的出現。也許有人會將自己的發言解讀為「言論自由」或「幽默」，然而調侃詼諧與殘忍只在一線間，欠缺思考的言詞對某些人來說也許是殘忍的。

長期教授人際關係與溝通的胡延薇老師則發現，無論是在虛擬世界或現實生活裡，許多人常不知道自己說的話已對別人造成傷害；如果在網路上又看到別人也都使用類似的言詞與語氣時，就會誤以為這麼說是合情合理的，「不能否認，我們在家庭或學校教育裡，針對同理心的訓練，真的非常少。」當網路使用者平時即欠缺同理心，而網路上的人我界線又高度模糊，人們在使用網路時，就很難三思而後行。

胡延薇老師說，儘管我們從小就被教導要設身處地為他人著想，但一旦以案例來與準成人的大學生作探討時，大部分的人卻都覺得「這樣還好吧」。「唯有當面臨真實的情境，並經過實際操作後，他們才會有深刻的感覺。」她解釋。美國曾有一個實驗，讓兒童把他在手機上看到的文字大聲唸讀出來或發送出去。剛開始，小孩不僅不以為意，還感到很好玩；不過，當許多內容是對著身邊一個真實的人在表達時，受測兒童便漸漸產生「對方會難過」、「自己這麼做會傷害他」等感受。

面對網路引戰行為，你該學會的 3 種應對方式

面對網路上的挑釁，黃雅芬醫師指出，大多數人無法在第一時間辨識出對方的惡意，並誤以為是一般的言論而予以回應、討論。但挑釁的一方不會因此就離去，他會再次發言攻擊／刺激，有時甚至是文不對題，目的無非是希望獲得被霸凌者的任何反擊，以便激起他持續發動攻擊。「過程中所產生的刺激感，能滿足這些有心人士藉此發洩自身負面情緒的心理需求。」她建議可採取下列三種作法回應。

1. 終止對話、阻斷霸凌：由於挑釁是發生在網路上的，不必擔心身體會受到傷害，且我們擁有絕對的選擇權。所以如果發覺對方在惡意挑釁，你可以選擇相應不理，也可以在覺得自己能夠承受這樣你來我往的心理壓力下，繼續和他對話。然而，對方因此可能更肆無忌憚地對你進行攻擊。一旦發現對方無法理性溝通並修正自己的言行，再繼續對話只是浪費時間，甚至狀況有愈演愈烈之虞，此時就應斷然離開「戰場」，像是下線、關閉軟體或離開螢幕，才是保護自己較理想的做法。當挑釁者幾次發言都得不到他想要的回應時，通常就會停止攻擊，進而轉往其他版面或場域去「釣」出那些沒有經驗的受害者。

2. 掌握社群軟體的使用技巧：目前如 Facebook 等主流社群軟體，發文者具有管理留言內容的權限。若發現在自己的發文下方，有人回覆了不雅或挑釁的內容，甚至不理性的攻擊文字，可將對方的回應刪除或隱藏起來；或者將自己帳號的「隱私設定」調整為比較嚴格的程度，例如：當別人要在他們的貼文或圖片上標註你的名字前，須先徵得你的同意；他人若想在你的動態版面上貼文，也須先經過你的同意後才能顯示。此外，限縮自己貼文的隱私程度也是一個方式，像是文章只有朋友才能看見，而不是對所有人公開。

3. 掌握求助管道：若是有人竊取你的照片並發文，或是標註你的名字之後，發布跟你有關的謠言或其他惡意攻擊的言論，因為沒有網路權限可以管理對方的發文，請向官方／網管人員提出檢舉或者投訴，並最好截圖保留證據，讓對方刪除發文，或由官方強行移除。如果網管人員不回應請求，可以告訴父母、師長並考慮報警處理。

黃雅芬醫師提醒，在網路上目睹挑釁的你，無論是選擇離開、旁觀、選邊站、加入攻擊行列等，都可算是網路暴力（霸凌）的參與者，或多或少也會感染到負面情緒。如果可以早點中斷一連串的「挑釁、回應、攻擊、反擊、繼續攻擊」的負面互動，便能阻止負面情緒在網路上繼續擴散，影響更多人。

胡延薇老師表示，藉由言語挑釁的霸凌行為，其實從古至今皆有，是無所不在，也發生於各個場域；只是在網路大量且快速的傳播特性下，被突顯了出來，「因此無論個人或整個社會，更應思考並學習如何與人良好溝通、尊重他人，以及還有沒有哪些霸凌行為或情境，是長久以來被我們所忽略的？」

網路霸凌－挑釁者（Trolling）常見發言類型

網路霸凌－挑釁者（Trolling）常見發言類型
留言評論或指責發言者或其他留言者的行為、故事、發布內容
刻意指出及糾正發言者的語法、文句、錯字
刻意找其他論證、研究或引用，對發言內容加以分析，或斷章取義，引起論戰
只留下辱罵、情緒性文句
故意引起另一個議題的討論，移轉及模糊原討論焦點或分享的內容

我被邊緣了嗎？無處不在的人際小圈圈

諮詢 / 潘俊瑋
（諮商心理師）
黃雅芬
（黃雅芬兒童心智診所院長）
文 / 鄭碧君

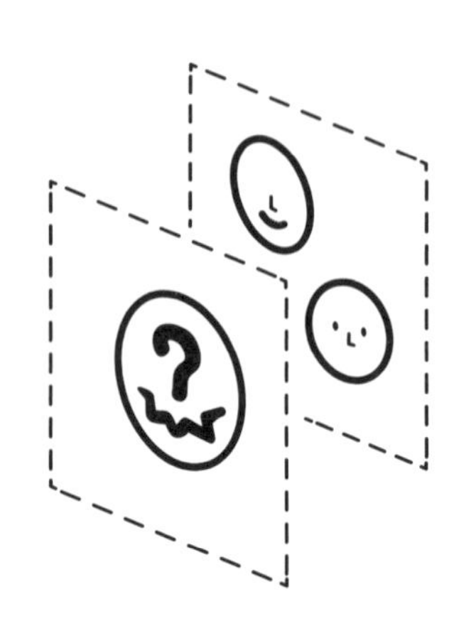

你需要知道

排擠 (Exclusion)：是一種故意將某人忽略的行為，是網路上最常出現的霸凌行為，例如朋友們正在進行網路對話，並標記其他朋友，但沒有標記被霸凌者；或是被霸凌者因為沒有使用社交網站或沒有智慧型手機，而被他人有意地排除在對話之外。根據美國社會學協會（ASA, American Sociological Association）2016 年第 111 屆年會提出的一項研究報告，出於競爭、仇視或為提高自己社會地位等原因，彼此認識的青少年間發生網路霸凌的機率，與從未結識或約會的陌生人相比，竟高達七倍。

一位氣質優雅、芳華正茂的 OL 走進諮商晤談室，述說自己因為近來睡覺常做惡夢，又發生食慾減退、嘔吐與焦慮等症狀，導致日常生活作息大受干擾。在她說話的同時，隱約可看到上唇有個不太明顯的疤痕，猜測童年時期應有唇顎裂情形。

她繼續說著自己不久前轉職到一間新公司，剛開始同事還頗為照顧，也會主動跟她打招呼。可是突然某一天，在未被告知的情況下，她莫名其妙被踢出 Line 群組，主動邀約同事中午一起用餐，也會被拒絕。漸漸地，她感覺自己變成了公司裡的邊緣人。

「不過我還是盡量專注在工作上，不讓這件事造成影響，但總是忍不住想起小時候被霸凌……。」因為與生俱來的唇顎裂，她從小便時常遭受同儕的排擠、嘲笑與欺負。隨著年齡增長，她努力調整心情，學習釋懷與自我肯定；也知道童年那些霸凌她的人，都是因為身心不成熟的緣故。但最近的事卻告訴她，那些傷痛並未真正消逝……。

上述的行為即是「排擠（Exclusion）」，指的是某人被一群人集體故意排斥、忽視、孤立的行為。在網路和相關通訊軟體興起後，這種行為的呈現方式則轉換為：某個人被排拒在社交群組或聊天室之外、自好友名單上被剔除，或是霸凌者建立「反○○○」社團，並且在被排擠者背後持續進行負面、詆毀或攻擊性的發言。遭受到網路霸凌排擠者，會感覺強烈的被忽略及自尊受挫。

有毒的關係！當網路變成切斷社會連結的武器

諮商心理師潘俊瑋表示，找到與自己志同道合、個性相仿的夥伴，進而組成一個同盟團體，是每個人在社會化過程中必經的歷程。

尤其是國、高中的青少年，重視同儕關係更甚於自己的父母和手足，「他們會把跟他人的關係好不好、是否隸屬在某個團體之中，當成一個自我評價的指標。」

然而，無法和同學打成一片，或者是不在受歡迎的主流團體裡，和所謂的排擠霸凌仍有一段差距。「當這個冷落、隔離是帶有惡意的，就成了霸凌，是一種缺乏同理心的表現。」潘俊瑋補充，發生在兒少族群的網路排擠霸凌，多為現實生活的延伸，通常不會單純來自於素未謀面的網友，而是先從熟識者開始，再慢慢拓展到不認識的人。

專業兒童精神科醫師黃雅芬也說，一般學生發生網路排擠霸凌，事件關係人大多是生活裡容易面對面，或知道彼此身分的同班、同校同學。「發生排擠霸凌的常見情境，像是學校老師指定分組作業，組員們通常會建立網路群組以便於聯絡。」為了排除特定某個人，其他同學會另外再建立群組進行討論和分工，等到繳交作業的時間快到了，大家才告知某人該負責的部分，讓他措手不及，或是藉此向老師誣告說某同學不合作。此外，透過線上遊戲建立的聊天室，或因此而創建的社交群組，也經常成為某個受害者在網路世界裡被排擠的途徑，招致其他成員的攻擊，甚至被逼退出群組或遊戲。黃雅芬舉例，曾協助過一位青少年，因為在遊戲中表現優秀而遭受其他成員的惡意檢舉，導致其遊戲帳號及在遊戲裡獲得的珍貴物件均被網管人員予以刪除，當事人雖嘗試向網管人員申訴卻不被受理，因而心情低落到完全不想上學。

而在社群網站或軟體的「解除朋友關係」或「封鎖」功能，和一般原本自己所熟悉的人際關係中所發生的排擠霸凌，有何不同？潘俊瑋心理師說明，社群媒體上的封鎖行為，宛如對方單方面地向自己祭出「制裁」，「表示我要與你斷交，這是一種直接了當，自己完全處於被動且措手不及的『絕對否定』。」他指出，在所有心理痛苦來源的排行榜中，名列第一且最沉重的就是「關係的斷裂」，越是我們在乎的關係，斷裂時帶來的痛苦就越大。對於一個十分依賴網路社交的孩子而言，所受到的傷害可想而知。

預防排擠霸凌，家庭關係與支持是關鍵

藉由團體力量排擠某人的社交霸凌，被害者身心所受的影響，可長可短。潘俊瑋心理師指出，在其輔導大學生和成人個案的實務工作中，便有不少人是因當前人際關係受阻前來諮商，但深入治療訪談後發現，其根源可回溯到求助者在中學或小學時被霸凌所遺留下的創傷，一如本文開頭提到的 OL。「若未經適當處理和協助，早年被霸凌的經驗，常常會伴隨到成年之後，有些受害者往往很擔心同樣的事會再度發生。」而當兒童青少年面臨被排擠時，內心常有孤立無援、沮喪懷疑、怨憤不平與低自我價值感，紛亂的情緒往往會誠實地反映在生活表現上。

黃雅芬醫師則遇過父母帶著不停拔頭髮的女兒前來求診，女孩拔到頭頂都禿了一片，又害怕同學看到因而不敢上學。經諮商後才知，她先前在線上遊戲的聊天室裡，遭到其他成員的排擠和惡意攻擊，才漸漸出現拔髮行為。黃雅芬提醒，當孩子遭受心理創傷，除了脾氣可能變得暴躁、會異常哭泣外，也要注意他們可能會有過度警覺的現象，「面對和創傷相關的事件或危險情境時，受害者會出現過度迴避的行為，像為了避免接觸同班同學而有上課出席率變低或拒學的情形。」潘俊瑋心理師亦表示，由於發生網路霸凌的兒少個案，加害者與受害者的生活圈多半重疊，因此有些孩子也會抗拒去面對知情的同學、師長或其他人。

當兒童及青少年受到網路霸凌，父母往往並不會在第一時間知曉，甚至成為最後一個知道的人。除了覺得尷尬或羞愧外，多數孩子其實更擔心大人的參與會讓他們遇到更多麻煩。黃雅芬醫師說，當孩子對周遭成人的信任度較低時，「會自認為就算講了也根本沒用，或者講了只會讓事情變得更糟而已，例如大人可能會用不適當的方式處理，讓孩子覺得很糗，或是以後在學校會更難過等。」所以平日維繫良好的親子關係至為重要。

此外，不同世代間對網路的理解與使用方式也存在著不小的差異。「那個場域，可能我們比孩子還陌生，所以家長要多去了解孩子們喜歡用的App、社群網站、網路遊戲，才能保護孩子，遠離網路傷害。」黃雅芬醫師提醒，家長平時應多和孩子聊天，除了積極傾聽，同時避免過早進行評斷指責，或急著給予建議，以免阻礙孩子繼續分享經驗與訴說煩惱的意願。父母可以試著用採訪的態度，帶著好奇心邀請子女多分享他們的學校生活與網路世界，讓子女感受到善意，也讓孩子知道，大人比他們擁有更多的人生智慧，可以陪伴並協助他們面對、解決生活上的種種挑戰。

遇到網路排擠霸凌，和孩子這樣說

然而，面對迫切想被同儕認同，期待參與小團體的兒少族群，卻被排擠時，父母該如何溝通，才能真正幫助他們解決問題？

黃雅芬醫師建議父母，可教導「善意（kindness）」的重要性與優先性，讓孩子思考並理解：取得同儕的認可固然重要，但若因此使自己受到傷害，或必須傷害其他人時，這種認可或許並不具有太大的價值，也不值得去爭取，以下是父母可以試著對孩子說的話。

1. 當孩子是受害者時：

「有時候，為了保護和照顧自己，我們需要忍痛離開一段關係。雖然剛開始會覺得很寂寞，但是只要你有耐心，繼續和其他人保持好的互動，將來一定有機會可以找到和你更『麻吉』的朋友。」

「現在沒有朋友，並不代表你不好，有時候只是剛好沒有遇到和你可以互相欣賞的同伴而已。等新學期重新編班，或是進入新的學校後，你就有機會認識更多的人，也更有機會找到好朋友了。」

2. 當孩子目睹排擠霸凌事件時：

「爸媽理解你很需要友情，當你的朋友對其他人做出了不友善的行為時，你需要讓他知道這麼做是不對的，並且鼓勵他修正自己的言行，而不是去附和他，讓他繼續這樣對待別人。如果朋友無法接受你的勸告，甚至回過頭來攻擊你，你可以先遠離他，除了避免讓自己繼續受到傷害，另一方面也是在幫助他冷靜下來。等朋友心情平復了，可以試著找機會再和他談談，觀察他的態度是否有所轉變。」

誰會面臨被網路排擠霸凌的風險？

根據國外許多研究及案例資料顯示，所有的兒童及青少年都會遭受網路排擠霸凌的風險，可能沒有任何的原因，也可能是因為受害者在某種程度上顯示出與他人的不同，例如外表、學業表現、種族、性別、性取向，或者是受害者表顯出焦慮、自卑、缺乏自信、害羞、內向，而成為被霸凌的目標。另外，有身心障礙的兒童及青少年也容易成為被排擠霸凌的目標。

一張照片，落入無間地獄

諮詢／吳姿瑩
（臺北市大直高中輔導主任）
文／黃苡安

你需要知道

欺騙／爆料（Trickery/Outing）：霸凌者藉由獲取他人的信任，取得對方的個人信息、祕密、照片、影音，或相關訊息，在未經對方同意之下，將其散布、傳播，使對方感到難堪的蓄意行為。此外，未經同意就張貼有受害者資訊的私人對話、即時訊息，也屬於此種網路霸凌行為。現今手機皆俱備照相及錄影功能，使網路欺騙與爆料行為越來越普遍，為受害者帶來莫大傷害。

現在就讀高中的萱萱，念小學時，透過網路認識異性朋友，男網友誘騙萱萱自拍裸照，並要求其將露點、露臉的照片傳給他。自此，萱萱不斷被勒索。由於萱萱的家庭關係不睦，她深知跟媽媽求助只會換來斥責，只好一個人暗自害怕，在路上看到陌生人，總會擔心對方會不會就是那個威脅她的網友。從被勒索的那天開始，她對人極度不信任。現在為萱萱進行輔導的老師說：「我與萱萱晤談一年多以來，每次她跟我講完一件事，都會再三叮嚀，老師妳不能把我的祕密跟別人說！」

這種在網路上先獲取對方信任，再藉與對方共享個人信息，誘使對方洩露祕密、照片，或私密資訊，然後將其轉發的行為，稱為「欺騙 / 爆料（Trickery/Outing）」。欺騙（Trickery）和爆料（Outing）主要差別在於：欺騙是打從一開始就蓄意欺騙，而爆料是已鎖定受害者，受害者表明不願意提供個人相關訊息……。欺騙 / 爆料都會使人受到傷害，主要是因為未經本人同意，就將其隱私透過網路傳播或在網路公共平台公開討論。

信任進而分享，可能會帶來危機

「周子瑜可以，我也行！」對演藝圈有著無限憧憬的小舒，小學時就被星探相中。親子關係疏離的她，沒讓家人知道，便獨自到經紀公司試鏡，當經紀人阿姨要求她褪去身上所有衣物，小舒遲疑了，阿姨安慰她：「沒關係，這一行都是這樣，每個人都這樣拍，這樣才知道什麼東西適合妳代言，穿著衣服會看不出線條喔。」小舒信以為這是出道必經歷程，於是被拍下裸照，成為她墜入地獄的起點。

爾後不時有怪叔叔宣稱握有她的裸照，想約她見面。試鏡沒能為小舒的人生超前部署，還使她陷入未知的恐懼。小舒害怕之餘，唯一能做的，是一一將這些人封鎖，殊不知還有一顆更大的未爆彈等著她。

封鎖，並不能阻擋網路世界的傳播。一位補習班男老師現實生活中經常請學生吃東西，大家都對他印象良好，卻不知他已持續關注小舒很久，私底下也經常流連色情照片網站。某次他在色情網站上看到小舒的裸照，向其他同學打聽小舒的近況，詢問男同學是否有小舒的裸照，大家才驚覺狼師在身邊……。

以往在新聞事件看到的假星探、意圖不軌的攝影師等，清一色都是男性，但小舒遇到的騙徒很高明，派一個看起來很可以信任的阿姨，鬆懈小舒的心防，才被拍了裸照。隨著照片被散播至不肖網站，小舒有長達四年的時間，不停地被陌生男子，甚至補習班老師騷擾，讓她對人極度不信任，充滿防衛心。

臺北市大直高中輔導主任吳姿瑩表示，如果兒童青少年遇到這類事件，可能會嚴重影響其對人的信任感，並且因為無法確定誰值得信任，以致降低開口求助的意願，累積成心理壓力與情緒問題。以小舒為例，因為無法得知還有哪些人看過她的裸照，以致不論男女，大人或小孩，認識或不認識的人，只要看著她，都會讓她覺得「你是不是看過那張裸照」？

她也覺得同學都用異樣眼光看她，讓她不想與同學互動，變得封閉，接著不想上學、逃家，逐漸放棄自己。幸而，輔導老師持續陪伴與支持，讓她逐漸卸下心防，相信老師，才願意到校上課。

好的家庭關係，強化孩子的心理復原力

吳姿瑩主任表示，孩子成長過程中難免會遇到不好的人或事，如果有信任、安全、穩固的家庭關係，家人能適時給予協助與處理，孩子就不用一個人默默承受這麼久的痛苦。

要如何覺察孩子可能遭受網路霸凌？吳姿瑩主任建議，仔細觀察孩子，假如連續 3 天以上出現以下 5 個徵兆，而持續的關心陪伴、詢問仍無法跳脫，可能是遭霸凌的警訊。

1、欲言又止。

2、對人信任感降低。

3、對大人多所批判。

4、憤世嫉俗、言語尖銳，有私下正在處理某些事情的感覺。

5、憂鬱、不安的情緒。

父母應主動了解子女是否遇到難題，例如詢問孩子：「你平常回家都會分享學校的事情，這幾天都不說話，怎麼了？」讓孩子知道，你注意到他的變化，表達「如果遭遇困難，讓爸媽有機會幫忙」的態度；另外，也要尊重孩子想開口的時機，也許孩子想先自己處理。

如果父母能察覺異狀，給孩子安全感，讓孩子知道有狀況時可以告訴父母，並及時找資源處理，共同面對，不但能讓孩子從中成長，父母的支持陪伴也可以讓孩子復原得比較好，降低事件帶來的殺傷力。

不過，青少年階段的孩子通常不願意跟父母說，寧願選擇跟同儕傾訴。吳姿瑩主任建議，先同理孩子沒說的原因，再試著和孩子說：「爸媽雖然平常對你比較嚴格，但若遇到問題，我們願意陪伴你好好處理……」用引導及陪伴，等待孩子自己願意說出來。

吳姿瑩主任強調，有好的親子關係，孩子就有安全感，信任父母，才會願意透露自己的網路遭遇。因此，父母不妨檢視一下，平常答應孩子的事，有沒有言出必行？要求孩子的事合不合理，自己做不做得到？當孩子有困難，你是和他站在同一條船上，給予幫助支持，還是批評責難？信任，是互動的結果。她建議，父母每天至少花 10 分鐘和孩子聊天，用心傾聽孩子在學校的點滴，或任何孩子想分享的話。

預防網路霸凌，教育要及早

從孩子開始上網、有手機，父母就要提高警覺，了解孩子常使用哪些社群軟體？常玩哪些遊戲？有哪些網友？在哪些平台上傳文字及照片？上傳哪些內容？父母要多了解孩子使用網路的習慣。

平日也可藉由新聞事件的討論來進行機會教育，例如：近期學生間流傳一種引導青少年逐步自殘的「藍鯨遊戲」，青少年會受邀加入陌生人群組，被問「死亡是什麼感覺」，引發家長恐慌。此時可和孩子一起模擬，萬一被邀加入這樣的群組該怎麼處理？也提醒孩子不要接受來路不明的邀約。同時跟孩子約定：「若有陌生人主動和你互動或想約見面，一定要先讓我知道。」

另外，媒體蓬勃發展後，有越來越多青少年渴望被發掘，當網紅賺流量，他們會自拍上傳照片以吸引網友注目。父母不妨多關注流行事物，參與孩子的「網紅事業」，拉近親子距離。吳姿瑩主任也建議，要告訴孩子，照片不要太裸露，盡量不露全臉，以免遭有心人合成再製。

避免被欺騙／爆料，父母要教孩子的事

使用社交媒體的注意事項，不洩漏太多個人訊息及照片
不和陌生人互動，只允許朋友、家人觀看自己的發文、訊息、照片
建議孩子將自己加為社交平台的好友，讓你更了解其面臨的狀況
不隨意傳送自己的照片（尤其是比較私密的照片）給他人，即便是朋友
要了解使用的媒體平台特性、規範及求助資源

感覺被背叛，「抒發」心情成謾罵？

諮詢 / 賴佑華
（新北市林口高中輔導主任）
洪櫻娟
（高雄市阮綜合醫院
身心內科醫師）
文 / 黃苡安

你需要知道

騷擾 / 謾罵（Harassment/Flaming）：這是網路上最常發生的霸凌行為。霸凌者蓄意的在被害者與他人溝通互動的應用程式、社交媒體管道（例如 FB、E-mail、即時訊息、簡訊等）、發布言論或訊息分享的討論區、論壇等公開平台，主動且持續的針對被害者發布不友善、辱罵或威脅性文字，讓被害者感到極度害怕和痛苦。

下課時分，11 年級教室裡，小曼坐在阿傑大腿上打情罵俏，完全不在意他人目光。這對班對雖然愛的高調，卻也經常吵嘴嘔氣。每次兩人有爭執，小曼的閨密、同班同學慧珊總是當和事佬，阿傑也常找慧珊搬救兵。在某次爭吵之後，阿傑身邊的她突然換成慧珊，小曼無預警被分手！不甘男友被搶的小曼回頭追查線索，認定「你們早就勾搭上了，之前有一次我不能出去，你們還是自己約出去！」她要求同學選邊站，但大家多保持中立，讓她覺得被雙重背叛。

失意的小曼頻頻在臉書「抒發」心情，用公開訊息罵兩人是狗男女，也到慧珊的社群留言辱罵。兩人相約談判，小曼酸慧珊「我把你當朋友，跟你分享我和阿傑之間的事，所以你很清楚他喜歡什麼，當然做得比我好……你這賤人！」慧珊也反罵小曼裝作一副受害人模樣，談判在互罵和痛哭聲中收場。

這種透過電子郵件、簡訊、社交媒體平台，到他人網頁或公開討論的平台，傳送具攻擊、粗魯和侮辱性信息的網路霸凌行為，稱為「騷擾」（Harassment）或「謾罵」（Flaming）。騷擾／謾罵都是針對特定目標，發布持續性的惡意言詞或訊息。不同的是，謾罵較常發生公共討論平台，透過電子郵件、即時訊息、聊天室或是線上遊戲，類似點燃戰火的舉動，因此也被稱為網路論戰。

騷擾／謾罵若未儘早介入輔導，就會進入下一階段：詆毀，這兩種霸凌型態經常牽扯在一起。

低自尊更想引起外在關注

新北市林口高中輔導主任賴佑華表示，此案例中的小曼想藉由公開侮辱，將慧珊貶得一文不值，來凸顯自己的價值。網路社群愈來愈發達，會讓這類霸凌的戰線拉長，尤其是在獨處環境中，例如放學回家的路上、夜深人靜時，離開課堂或父母眼底，沒有其他事物轉移焦點，就容易胡思亂想、上網恣意發送不當訊息。
高雄市阮綜合醫院身心內科醫師洪櫻娟指出，青少年時期處於一個自我認同危機時期，且對人際互動的變化是相當敏感的。阿傑的選擇，對小曼而言或許代表「慧珊比我好、我被比下去」，這個結果傷了她的自尊，進而採取反擊。這種行為也常見於個性較自我中心者，覺得「我受傷了，都是別人對不起我」，只關注自我感受，缺乏對他人的同理心。

小曼受傷了，她用網路騷擾 / 謾罵的方式來宣洩情緒，使得另外兩人也受傷了。洪櫻娟醫師提醒，小傑處理分手的方式可能也不成熟，顯示情感教育應更落實在中小學課堂裡，教孩子了解親密關係也是一種人我的互動，且每個人都有自己的特質，無關對錯，而在喜歡別人之前，一定要先愛自己。此外，青春期也是引導孩子從外表到內在，了解自己最好的時機，此外，很多霸凌者的自尊不足，必須不斷用外在事物來證明自己。小曼的外顯行為可能強悍，內心卻很敏感脆弱，覺得自己不夠好，像在教室坐小傑的大腿摟摟抱抱，可能只是為了獲得同學的關注來建立自我價值。此外，青少年的霸凌行為也跟同儕地位的競爭有關，小曼可能認為慧珊地位在她之下，憑什麼跟她搶男友？但慧珊和阿傑一定有相互吸引的特質，例如慧珊可能比較好相處，只是小曼不想承認，這也與小曼的低自尊有關。

再者，洪櫻娟醫師也提到，青少年特別在意同儕的評價。小曼班上同學們對她在班上放閃的行為也許很不以為然，因而不願選邊站，這讓小曼覺得不被認同，就像再度被拋棄。所以孩子社交技巧的訓練也很重要，才不會用錯誤的方式去換取他人的關注。

有得有失，練習換位思考

該如何協助小曼停止她對慧珊的網路霸凌，並從這段感情脫困？

洪櫻娟醫師建議，如果小曼繼續糾結在都是別人的錯，那麼攻擊行為會持續下去。應與小曼深入討論她受傷的點，跳脫「是這些人對不起我」的情緒，回頭覺察自己的感受，並引導她去了解她最在意的點，如果是「男友不該選慧珊，我覺得輸了」，請小曼分析自己的優缺點，再說說看慧珊的特質。用這個方式，讓小曼了解每個人的特質會對應到不同適合的人，男友會選慧珊，不是慧珊比妳好。用不同角度看事情，學習換位思考，避免自我中心高漲，否則以後遇到不如意的事，會重複同樣的模式，人生會過得很辛苦。

賴佑華主任表示，父母若得知孩子成為霸凌者，應先冷靜控制住情緒，讓孩子訴說整起事件的過程，專心傾聽，先不要給太多意見。孩子可能會說有利自己的部分，或把不對的事合理化，也許孩子的思緒會陷在對自己「公不公平」糾纏中。父母請多聽多問多討論，但不要公審，也不能無限上網替孩子說話。必須讓孩子知道，除了校規懲處，自己也可能會觸法。待其情緒較為穩定後，可以和孩子討論比較好的處置方式，例如在情緒激動時不要po文、可以找師長討論等。這段時間，多花時間陪伴孩子，並連結孩子的好友給予情感支持，幫助孩子重新詮釋這件事，成為更好的人。

賴佑華主任也指出，從輔導經驗中發現，網路霸凌的發生，常與網路使用、隱私設定習慣有關連。她發現，很多孩子擁有4、5個帳號，同學間也會互借手機，或互相分享手機訊息，也不介意他人用自己的帳號看訊息。因此，建議父母應提醒孩子，手機不要借人，不要共用，用完公共電腦要記得登出，要保護好自己的帳號。許多學生有時只是和同學分享，一起follow某個名人，但對方沒馬上歸還手機，還看到屬於私密的內容，或對方隨手用自己的手機、帳號發訊息出去。賴佑華主任也提醒家長，不要偷看孩子的手機，有家長不僅偷看，還擅自刪除訊息或好友，是很不好的身教。

小曼由於不知如何處理失落而成為霸凌者，隨著升上 12 年級，面臨升學壓力，衝突看似逐漸平息，然霸凌的傷痕已在三人身上留下烙印。

賴佑華主任建議，從小就要灌輸孩子人生有得有失的觀念，遇到期待的事落空，不妨進行機會教育，如：計畫已久的遊樂園之旅，出發這天卻下大雨，孩子一定很失望，此時父母有兩種做法可供參考如下：

1. 找其他有趣的事情替代→練習處理失落的情緒。
2. 依計畫前往→雨天一定不好玩，體驗人生的挫折。

想一想再行動，
你可以這樣做－THINK！

T- Is it True?
H- Is it Helpful?
I- Is it Inspiring?
N- Is it Necessary?
K- Is it Kind?

避免落入謾罵（網路論戰）的情境

po 文或回覆留言、評論之前，先確認自己已清楚了解事件的來龍去脈
以簡要、有條理的敘述方式表達自己的觀點，不使用情緒性的字眼
完成 po 文或回覆，就離開該討論區或論壇，不等待回應
對於煽動性文字，或要求自己回應或說明的評論，不需一一回應
要有心理準備會收到各式各樣的評論，練習轉念

當自己成為流言、八卦的「主角」

諮詢 / 林苡彤
（臺北市大直高中輔導老師）
文 / 黃苡安

你需要知道

詆毀（Dissing/ Denigration）：這是傳統霸凌與網路霸凌都會存在，且經常發生的形式，通常霸凌者和受害者相識。網路上進行的詆毀，是在網路上發布不利於受害者的訊息，包括：個人照片、影片或螢幕截圖，內容為八卦、不實的謠言，目的是為了破壞被霸凌者的形象、聲譽、自信或與他人的友誼，而達成傷害的用意。

「95 分！怎麼考這麼爛？」巧巧看著數學考卷驚呼，渾然不覺周遭空氣瀰漫著一股怨氣。巧巧是 8 年級才進到班上的轉學生，漂亮、成績好又才華出眾，很快就擄獲全班男生的心。她雖表明畢業前不交男朋友，卻有意無意跟男生搞曖昧，男生還為她爭風吃醋，看在其他女生眼裡，真是恨得牙癢癢。

下課休息、課後或是在網路社交媒體上，每天談論巧巧的是非，成為女生們的日常。某天下課，巧巧留在教室和老師討論課業，合唱比賽練習因而遲到，給了女生群起攻擊的好機會，女生罵她不合群、不重視班級榮譽，巧巧覺得很無辜，之前也有同學比較晚到，為什麼大家就可以包容？女生還在群組熱議「誰知道她有沒有作弊呀？」流言傳來傳去，最後被扭曲為「巧巧考試作弊」。有人際關係較邊緣的女同學截圖傳給巧巧，她得知自己被抹黑，氣得和同學大吵，驚動導師出面調查。

這種在網路上發送他人不真實、具破壞性的信息，或分享他人照片並加以嘲笑，破壞他人聲譽的行為，稱為「詆毀」（Dissing/Denigration）。「詆毀」多半源自於惡意，霸凌者希望透過此方式打擊受害者信心、自尊，和破壞他人與受害者的關係。而除了透過網路傳播的形式之外，創建一個群組、討論區或頁面，用於討論、張貼受害者相關訊息、照片、謠言等，也是屬於「詆毀」。例如八卦討論區中的「靠北 XXX」，「討厭 XXX 家族」等。

網路使傳統霸凌形式更加乘

臺北市大直高中輔導老師林苡彤表示，像上述案例，原本的討論可能在只有幾個人的群組內，但兒童青少年尋求支持（選邊站）的特質，可能會擴大傳播相關的討論，內容因而發酵，造成越來越多人相信巧巧作弊、偷懶，讓巧巧覺得無從辯駁，無法一一當面說清楚。很多孩子遇到這種情形，會選擇隱忍或公然大吵。不過，像巧巧這樣敢和同學吵架、向老師告狀的人屬少數，多數人會變得退縮、努力把自己變成隱形人，例如下課坐在座位上做自己的事，不敢與人互動，嚴重甚至會出現自傷、自殺行為。網路社群讓這類型的霸凌加乘，受害孩子會有很明顯的改變，7 年級的小玲就是典型的例子。

小玲在唸小學時，有過不好的人際經驗，讓她不知如何跟女生互動，因此都找男生做朋友，幾名同學看不順眼，認為她在勾引男生，於是在網路和現實世界攻擊她，說她是婊子，勾引男人。一旦其他同學知道小玲開始被討厭，她就更難生存了，每次上課分組總是落單。帶頭霸凌小玲的是阿凱，他原本跟小玲是麻吉，兩人因故有了心結，小玲去找其他男生，阿凱便開始發狂攻擊小玲。國中階段的人際關係發展還不成熟，通常是一對一，獨占性很強，去福利社或廁所都像連體嬰，如果感覺對方要跑掉了，另一方會很不安、發動攻擊，甚至會攻擊對方的新朋友。

老師輔導阿凱時，發覺他在虛、實世界裡判若兩人。他非常用心經營自己的網路媒體平台，經常 po 出自己唱歌的影片，遇網友毒舌「歌聲像胖虎」，他回覆留言顯得理性，「雖然你不認同我，但我尊重你發言的權利」，表現出一副尊重他人言論自由的態度。但現實生活中，阿凱不但霸凌小玲，還攻擊言論跟他不同調的同學。他告訴老師：「我在網路上可是有身分的！」原來阿凱未來想當大明星，因此有意識地發表言論，用心經營自己的網路媒體。老師提醒：「如果有一天你紅了，跳出來爆料說你國中霸凌同學的，可能都是你現實生活中認識的人……。」阿凱經老師提醒才有警覺，開始收斂行為。

先協助孩子穩定內在

要如何處理詆毀這類型的霸凌行為？

林苡彤老師表示，首先要釐清孩子是不是有讓同學不滿的地方？還是真的沒做錯什麼，就是好欺負？受欺負的孩子來到輔導老師面前，只有少數人會檢討自己，擔心自己是否做了什麼事才招來攻擊，通常的反應都是憤怒和受傷，對自己懷疑、自信心降低。「老師不會只站在受害者這一邊，覺得你好可憐，我們一定要幫你。如果這樣做，不但沒有幫到他，反而助長他是受害者的角色和心情，容易造成雙方敵對情緒，反而無助於彼此關係的修復。」她說。

孩子一開始需要很多同理，父母得知孩子被欺負，千萬別說「你就不要理他就好了」，要能接住孩子的無力和挫折，他才會比較願意講更多。然後才慢慢引導他做出改變。很多向老師求助的人，是期待對方的行為能停止，此時的處理方式，不是一直代替孩子去解決人際衝突，而是帶領孩子學習如何強壯自己的心靈，有能力去處理自己的問題，例如更有溝通技巧、更敢為自己發聲，或抗壓力變好等。

有些孩子內在穩定，會主動約對方出來談判，了解對方對他有什麼不滿；有些孩子成熟度夠高，可以看淡這些，「相信我的人就會相信我，我做好份內的事，用行動證明我不是這種人就好。」以小玲為例，老師發現她頗有繪畫天分，因此安排她每天中午離開班級，到比較紓壓的環境畫畫，讓她在有成就感的地方慢慢長出自信，當她再回到班上面對攻擊，會有一種心情「你們罵就罵啊！反正我以後就是要畫畫，我走我未來的路就好，我不會跟你們相處太久，國中畢業我就不想再見到你們！」小玲在心靈拉出一個距離，保護她，可以不那麼受挫，好好專注自己的事情。當她對這些攻擊無感，這些攻擊就自然會下降了。

同儕接納與網路霸凌的關聯

根據一篇 2017 年發表於《性角色》期刊的研究指出，較少獲得同儕接納的 11-15 歲的女孩，如果遭遇網路霸凌事件（不論是霸凌者或是受害者），將為其上學狀況及學習力帶來負面影響。

該研究由英國學者進行，受試者包括 285 名 11 至 15 歲的兒童和青少年，他們完成了「參與網路霸凌測量」，回答過去三個月中自己遭遇網路霸凌的程度，例如：發送和接收謠言、具威脅或攻擊性評論、圖像或視頻的次數。此研究也測量了受試者的自尊、信任、對同伴的感知接受度，以及對學校和學習重要性的感知。

研究結果指出，參與網路霸凌程度最高的青少女，對同儕的接受程度最低。最不被同儕接受的青少女，對學校和學習的感覺更加消極。獲得同儕接受度高的女孩，她們越有可能擺脫網路霸凌的影響並享受學校生活，參與虛擬攻擊的可能性就越小。

資料來源：2017 年《Sex Roles》 volume 77，https://doi.org/10.1007/s11199-017-0742-2

真的不知道會傷人嗎？
避免孩子成為加害者！

霸凌的他／她，在想甚麼？

諮詢／李筱蓉
（宇寧身心診所臨床心理師）
文／李碧姿

你需要知道

網際網路已與現代孩子的生活無法切割，手機、平板、電腦等電子產品，在網際網路的推波助瀾下走入家庭，有便利，也有困擾。網路霸凌就是隨之衍生的新問題。以往，大多著眼於如何幫助網路霸凌的受害者，對於加害者的討論不多；但從預防角度而言，若能避免孩子成為網路霸凌加害者，或許可大大降低網路霸凌現象。

2019年6月新聞報導，罹患憂鬱症的成年女子，因將寵物狗的貼文放在網路上，與不認識的男網友發生口角，網友留言「看起來你很嫌棄當人，可考慮自殺，不要讓這世界髒了」，女子受不了壓力，用美工刀在自己的腿上刻對方名字。然而男網友非但沒有停止，還回嗆說：「可以再寫漂亮一點嗎？」最後女子投河自盡。許多人在網路上表達意見、評論、分享圖文或影音時，從沒想過自己毫無顧忌，完全不留情面，竟可能產生讓人輕生的後果。

匿名性與傳播的便捷性，造成傷害更劇的霸凌

由於在網路上看不到對方的反應，加害者因文字過於粗暴而引起的憾事，時有所聞。宇寧身心診所臨床心理師李筱蓉認為，網路霸凌與傳統霸凌的加害者，兩者最大的不同源自於網路的特性，包括：

1、匿名性：在網路世界橫行，可匿名而不必負責任。在「對方又不知道我是誰」的前提下，又看不到對方的反應，網路霸凌加害者可能講出平常不敢說的話，甚至使用更大膽、強烈、極端的攻擊性言語，對對方極具傷害性。

2、方便性：網路傳播速度快又廣，一旦放上去，可能在幾秒內就被多人閱讀及轉發。李筱蓉心理師分析說，過去的實體霸凌，大都發生或侷限在某區域範圍內，但現在，霸凌可來自千里之外，散播範圍也廣泛到難以想像;再加上網路訊息「凡走過必留痕跡」，即使刪除，都可能已經被截圖、存檔或轉發。因此網路霸凌對當事人而言，不是關掉網路就好，其傷害性、衝擊性之大，存留時間之久，年輕人其實很清楚，卻不太去思考其嚴重性。

她舉例說，某人跟班上某些同學處不好，或許可以跟班上其他同

學，別班或社團同學建立友誼，甚至可透過轉學或搬家展開新生活。但在網際網路普及的現代，只要在網路曾傳播的事情，全班、全校，甚至不相識的人，都可能知道，即使搬家或轉學，只要上網搜尋，過去的「豐功偉業」仍會一一呈現。李筱蓉心理師語重心長的說：「鍵盤魔人通常躲在螢幕、鍵盤後面，幾個手指動作，就可讓人情緒低落，喘不過氣來，甚至生命受到威脅，無法擺脫被迫害的陰影。」

青少年會成為網路霸凌加害者，可能是因為在真實情境中不擅言詞，人單勢孤，無法與人抗衡，但在網路上，他膽子較大，有安全感，有憤怒、不爽、想反抗，他就直接報復攻擊。不過有些孩子只是覺得好玩、無聊，興起作弄對方的念頭。而有些孩子則是錯誤的模仿，在不知不覺變成了加害者，還分不清狀況地說：「某某人也是這樣，又不會怎樣」。還有孩子是受同儕影響，或想被同儕團體接受，因而成為加害者。

若發現孩子是網路霸凌加害者該怎麼做？李筱蓉心理師強調，家長當然不可視而不見，須採取行動，預防傷害擴大，或阻止霸凌事件再發生。她提醒家長，在發生事情時，先別急著責罵、處罰孩子，應先靜下心來，了解加害者本身也是需要幫忙的孩子。接著，進一步了解孩子為何這麼做？碰到什麼問題？想法是什麼？最後，才是引導孩子思考有無其他可被接受的替代行為，才不致對別人造成傷害。從源頭理解，找出更好的解決方法，既可以滿足孩子的需求又不會傷害別人。

先同理加害者需求，再拉回現實情理法

李筱蓉心理師建議，家長可教導孩子「看到任何訊息，不要立刻回應，先冷靜判斷，多想幾秒鐘」、「若對方站在面前，你會怎麼回應？」、「若是對方收到你的訊息，他可能會有什麼感覺」、「若是你收到這種訊息，你會有什麼感覺」。引導孩子易地而處，以同理心學會去感受、體驗與思考。

當然，在網路上要讓加害人了解被害人的感受並不容易。所以家長、老師更需先同理、尊重與接納加害者的感受或立場。她強調，情緒沒有對錯，但表達情緒的方式與行為須被規範，不能以傷害別人作為宣洩自己情緒的方法。在不傷人、傷己為前提下，陪孩子學習，累積經驗。

網路霸凌旁觀者，不能置身事外

另外，也要注意孩子是否成為一個網路霸凌旁觀者。目睹網路霸凌，多數孩子表現得事不關己，無所作為。一方面是害怕被發現是告密者「抓耙子」，反而變成箭靶；另一方面也可能因為不知道該怎麼辦。

「沒有無辜的旁觀者」，旁觀，一來可能助長霸凌的產生，二來旁觀者也可能感受到焦慮，譬如「同學被欺負很可憐，不知怎麼辦？」、「很緊張、焦慮、害怕與罪惡感」；更有甚者，旁觀者最後也有可能轉成加害者。

李筱蓉心理師提醒，首先要教導孩子，「有收到訊息不要按讚，不要轉傳散播，到此為止」，至少自己可以做到不要加碼，不助長。再積極的作法則是，幫忙做見證者，收集證據，再將訊息轉給信任的大人來幫忙受害者；若是孩子更有道德勇氣，則協助他跳出來阻止，讓身邊的人知道網路霸凌是不對的。

教育身為旁觀者的孩子，不要讓他參一腳是第一步，繼而鼓勵他多做一點，既保護自己，也避免讓事態更嚴重。

發現孩子是霸凌加害者，如何開啟對話

先讓自己情緒穩定下來，獲得孩子的信任後，以討論的語氣展開對話
不予以評論，詢問孩子事件發生的始末
了解孩子這樣做的原因、感受及需求
引導孩子思考如果自己是受害者，有什麼感覺？(換位思考)
提醒孩子有其他可以處理自己負面情緒、需求的做法
與孩子一起找出補償受害者的做法 

如何覺察孩子是否為網路霸凌者

諮詢／李筱蓉
（宇寧身心診所臨床心理師）
陳質采
（衛生福利部桃園療養院
兒童精神科醫師）
文／李碧姿

你需要知道

根據聯合國兒童基金會（UNICEF）2019 年以全球 30 個國家，年齡在 13 至 24 歲，超過 17 萬名青少年為對象進行網路霸凌現況調查結果指出，約 32%的受訪者認為，政府應該負責終止網路霸凌，31%的受訪者表示應由青少年自行負責，29%受訪者則認為社群平台要負起主要責任。其實，網路霸凌的防治需要政府、學校、家長及社群平台共同合作，才能有效達成保護兒童青少年免受傷害。聯合國兒童基金會也提醒，需加強對教師和家長的培訓，來應對網路霸凌。

對現在的兒童青少年來說，網路是知識取得、交友，以及休閒娛樂的重要管道，具有社交意涵，也是人際關係重要的媒介。宇寧身心診所臨床心理師李筱蓉形容，現在普遍人手一機，「網路已如同空氣般存在」，若完全禁止孩子使用網路，等於關掉他與外界接觸的另一個重要管道，資訊的接收會受到很大的限制。她分享臨床上曾有個案，從網站上買玩具手機帶到學校，上課期間繳交的是玩具手機，真的手機留下來隨身使用，矇騙老師，真是「上有政策，下有對策」，但可見網路對兒童青少年的重要了。

既然不讓孩子碰網路的難度高，不如提升孩子的網路使用素養。教孩子判斷網路訊息、自我管理，遇問題有能力解決或懂得求助，遠比禁止使用網路來得務實。她強調，若孩子沒有學習使用網路的正確方法，同樣的事情還是會一再發生。

留意上網行為，應用引導方式

青少年階段，生活中的大小事，已不喜歡家長涉入；而科技的日新月異，許多家長也不太熟悉網路多變化的運作。家長一來無法隨時隨地陪伴孩子，二來即使陪伴，青少年亦會隱藏他們上網的行為，表面上認真在做功課、聽音樂，或找資料，但稍不注意，孩子可能已上傳不妥的文字、圖片、洩漏個資，甚至當駭客，家長根本無從掌握。

李筱蓉心理師提醒，家長應於平常生活當中多了解孩子的生活狀況，與孩子建立良好的關係。親子互動越好，越能知道孩子想法，切勿等到出事，就後悔莫及。她進一步說明，行為辨識雖有其困難度，但平時對孩子多些觀察、理解與溝通，絕對是必要的。許多家長苦於「青少年孩子什麼都不讓我知道」，但這也許是從小未與孩子培養親子溝通的習慣，等到孩子進入青春期，突然要關心他，反而激起他防備的高牆。再者，家長可能太急、太擔心，就容易出現批評、指責或禁止的言語，譬如威脅孩子「你就不要給我上網……」之類的，青春期孩子一般很難接受。她建議應採取漸進引導方式。

要預防孩子在使用網路時出現問題，重點在於平時就多留意孩子的上網行為，包括：上哪些網站、何時會上網、上網持續時間，上網頻率等，若發現孩子上網行為與平常不一樣，譬如某個時間使用頻率特別高、使用時間特別長，或使用的時間跟以往不同，包括「半夜爬起來上網」、「頻頻切換、縮小或關閉螢幕」、「不能上網時，變得比較浮躁不安」、「使用慣性改變，最近未上平常使用的網路、帳號或社交媒體」。不過她也強調，並非出現這些行為就是網路霸凌加害者，而是不尋常或使用習慣改變時，其實反映孩子在變動的狀態，值得家長關注。

家長力有未逮，學校教育適度介入

當家長對於網路霸凌的知能力有未逮，不知如何協助或方式不恰當時，學校有必要加以輔助。例如，教育部網站「防制霸凌專區」，設有反霸凌投訴專線，並建立 SOP 標準作業處理流程。若有人提出申訴，學校需啟動小組處理機制，不論網路或實境，只要涉及霸凌，學校都需處理。

學校有三級輔導，包括第一級預防，讓孩子知道如何正確使用網路，教導孩子如何察覺網路霸凌事件，以及如何處理；第二級輔導機制，找出人際關係不佳的孩子，他們可能是被霸凌的高危險群，需師長更關心陪伴；第三級高度積極的介入處理，譬如孩子在網路上有誇張的言行舉止，就需介入，若家長有困擾也可跟學校老師保持高度聯繫。

單純要求這世代孩子關掉電腦走出去，效果不大。在現實世界裡，孩子若沒有好的人際關係，或無法獨處，或沒有可以消磨休閒時間的興趣，他很快就會回到網路世界。因此家長需要放下手邊的工作，多花些時間與心力陪伴，引導孩子到戶外走走，一起運動，或擴展人際關係，把孩子的生活重心從網路移開，才能降低孩子成為網路霸凌加害者或受害者的機率。

冷靜處理為不二法門

當孩子成為網路霸凌加害者時，很多家長一開始都認為自己的孩子最乖，怎麼會？一定是誤會、誣賴；一旦發現自己孩子真的在霸凌別人，就會覺得羞愧、丟臉、生氣與無助。但若父母也慌亂，誰來幫助孩子？李筱蓉心理師建議家長應「冷靜，冷靜，再冷靜」，不慌亂才能好好處理事情，穩定孩子。

許多孩子的問題，通常家長是最後知道。她分析說，孩子不想跟父母說，常是互動上出了問題，譬如：說了會被責罵，或得不到好的回饋。臨床上，青少年常跟她說：「說了沒比較好，搞不好更慘。」主要是家長太緊張，急於罵人或是立即衝到學校，做出不理性的行為，弄巧成拙，使孩子的人際關係毀於一旦。她認為小孩不信任家長，遇事不想讓家長知道，這是家長需要檢討的地方。重點是要讓孩子感受到家長不是責怪、嫌棄或處罰他，是和他站在一起面對並解決問題。只有這樣，信任感才能建立。

如何察覺孩子是網路霸凌加害人？

目前國內並無網路霸凌加害者的問卷檢核表或相關工具，以察覺孩子是網路霸凌加害人並適時介入。衛生福利部桃園療養院兒童精神科陳質采醫師建議，或許可參考國外「停止網路霸凌」的相關網站的資訊 http://www.stopcyberbullying.org/tweens/are_you_a_cyberbully.html，陪伴孩子了解他是否無意間成為了網路霸凌加害者！

根據孩子是否進行了以下活動，進行了多少次來打分數。如果從未做過—0 分；如果曾做過 1-2 次—1 分；如果曾做過 3-5 次—2 分；如果曾做過 5 次以上—3 分。

你曾經 ...

___1. 使用他人的帳號名稱登錄以收集訊息？

___2. 從他人的帳戶發送電子郵件或線上賀卡？

___ 3. 在線上假冒他人？

___ 4. 對即時通訊感到恐懼？

___ 5. 沒有告訴某人你在線上，請他們「猜」？

___ 6. 未經他人允許轉發私人即時通訊對話或電子郵件？

___ 7. 更改個人資料或散播離間的消息，使他人感到尷尬或恐懼？

___ 8. 未經他人同意，就在網站上發布有關他的圖片或信息？

___ 9. 未經他人的同意，就透過即時通訊或網站，做了關於他個人的調查？

___10. 在線上使用訊息跟踪、逗弄、或騷擾他人？

___11. 即使只是開玩笑，曾向他人發送粗魯或令人恐懼的東西？

___12. 在線上使用了不雅語言？

___13. 未經他人允許，以其之名在線上登入？

___14. 使用了看起來像是他人發送的即時通訊或電子郵件地址？

___15. 未經許可或出於任何原因使用了他人的密碼？

___16. 入侵他人的電腦還向他們發送了病毒？

___17. 在互動遊戲室中侮辱他人？

___18. 發布關於他人的粗魯事物或謊言？

___19. 在網上投票抨擊某人，或在留言板上發表與某人有關的粗魯或卑鄙的文字？

計算總得分：0 – 1 分：網路聖人；2-10 分：有霸凌風險；
11-18 分：網路罪人；18 以上：網路霸凌者

防止無形攻擊的蔓延－不要只是旁觀

文／黃嘉慈

你需要知道

×

「最後，我們不會記住敵人的話，而會記住我們朋友的沉默。」
－人權主義者和非裔美國人民權運動領袖小馬丁·路德·金

調查發現，如果只是旁觀網路霸凌，等於是讓網路霸凌者認為自己的行為是可以被接受的；受害者可能因無人伸出援手，而更感到孤立、無助；50％的霸凌事件，會因為旁觀者的介入而停止。
只要更多人從「旁觀者」轉變成「發聲者」，就能為霸凌情況帶來改變……

使用手機、平板、電腦來蒐集資訊、做作業、玩遊戲、觀看影片、與朋友聊天、追蹤偶像動態等，已是現代青少年的生活常態。身為家長，從旁觀察自己孩子網路使用的常態，你覺得孩子透過網路進行交流的朋友多嗎？他經常在網路上發表言論觀點嗎？如果看到網路霸凌的情形，他會挺身而出嗎？如果他只旁觀，不表示意見，並不會造成任何的傷害？

根據英國 Bullying UK《全國兒童與青少年的霸凌研究》指出：79%的兒童青少年曾目睹網路霸凌。另一項發表於《網絡心理學：網路空間社會心理研究期刊》針對德國青少年所進行的研究中的文獻指出：有 36%至 46%的青少年曾經目睹網路霸凌。這些旁觀者可能是當事人的朋友、認識的人，也可能是陌生人。

旁觀者，加深受害者的痛苦，也會為自己帶來創傷

研究發現，網路霸凌最常出現在有旁觀者的時候。當人們在網路上看到錯誤的行為卻不願採取行動制止時，等於是讓網路霸凌者認為自己的行為是可以被接受的，也覺得自己的力量比實際上還要強大。此外，受害者也因為旁觀者眾多，卻無人伸出援手而更感到孤立無助。因此，網路霸凌者雖然看似是社群媒體或其他網路空間的一小部分人所為，但只要我們沒有出言阻止，就等於是在鼓勵他們繼續威脅和為難受害者。

事實上，目睹他人遭受霸凌也會引發自己許多情緒和壓力。研究證實，目睹霸凌的孩子所受到的傷害，可能與受害者一樣，他們的身體健康、心理健康，甚至學業都會受到影響。一項針對愛爾蘭 7,522 名 12 至 18 歲青少年所進行的研究發現，與不曾旁觀霸

凌者相較，旁觀青少年出現心理症狀（包括：情緒低落、易怒、脾氣暴躁、神經緊張、頭暈，或難以入睡）和身體症狀（包括：頭痛、胃痛和背痛）的風險顯著較高，生活滿意度也較低。

為什麼會選擇旁觀？

對於一些青少年來說，在霸凌事件中選擇成為旁觀者有幾個原因：

- 「旁觀者效應」：指當偶發事件發生時，往往有人群聚旁觀，旁觀者愈多，伸出援手的人就愈少，且援助者的反應愈遲緩。此效應的產生可能原因來自：觀看者多，分散了責任；或是擔心自己誤判情勢遭到嘲笑而選擇不反應。
- 恐懼：害怕介入後自己會成為霸凌者的新目標，害怕因捍衛「外來者」而遭自己所屬的團體排擠；或不知道如何處理，害怕自己的涉入讓情況變得更糟。
- 擔心報告老師或諮商師會讓他們背負「告密者」的罵名。
- 不信任老師或其他成人，認為請求幫助也無濟於事。
- 時空的距離感：由於事件發生在網路上，旁觀者會出現「地理上」（如：受害者可能住在千里之外）和「時間上」（如：不能確定訊息張貼時間）的距離感。這種距離感會讓人覺得無力阻止霸凌的發生，因而選擇不反應。

從「旁觀者」轉變成「發聲者」，可以為網路霸凌帶來改變

研究顯示，當受害者獲得同儕的捍衛和支持時，他們的焦慮和沮喪感就會降低。此外，將近50%的霸凌事件會因為旁觀者的介入而停止。因此當發現網路霸凌情形時，可以做以下行動表示對受害者的支持。

- 透過張貼支持受害者的文字來表明立場，如：我不同意（霸凌者）所說的話。
- 鼓勵受害者尋求協助，如：你被霸凌了，不要把事情藏在心裡，盡快尋求信任的人來幫助你。
- 召集朋友一起發表評論，表達對受害者的支持。
- 提醒當權者（如：老師、父母或其他成年人）你在網路上觀察到的，或透過手機發送的內容。
- 向所在網站的安全團隊舉報所觀察到的內容。如 Facebook 就有防止網路霸凌的機制與相關建議。

「旁觀者」需銘記在心的守則

- 不要以為這是霸凌者和被霸凌者之間的私事：霸凌事件，尤其是經常發生的霸凌事件，通常不是出於個人原因。
- 不要「以暴制暴」：要為受害者站出來需要很大的勇氣。然而，請勿使用侮辱或威脅霸凌者的方式來捍衛受害者。「以暴制暴」只會讓受害者的處境更加艱難。

· 不要氣餒：若師長或當局者未在你告知情況的第一時間內做出反應，請繼續嘗試。若此霸凌行為是一個經常性的問題，他們會做出回應的。同時也可嘗試與其他老師和諮商師談，以便讓更多的人來阻止這個情況。

· 請不要事不關己，試著同理受害者的處境。霸凌受害者會有嚴重的焦慮、憂鬱、憤怒和挫折，讓生活變成一場惡夢。而旁觀者若不作為，也可能產生焦慮、憂鬱、挫折等情緒。我們都不想要這樣的生活。

挺身而出卻被霸凌者盯上該怎麼辦？

請不要為了保護受害者而危及自己的安全，但若是成為霸凌者的攻擊目標，請以私下會談的方式告知師長、諮商師甚至是校長。要知道，即使沒有直接制止霸凌行為，就算只是向外求助也讓你不再只是一個旁觀者，而是一位能夠改變霸凌事件的「發聲者」。

何謂「網路霸凌旁觀者」？

「網路霸凌旁觀者」是指當霸凌事件發生在社群媒體、網站、短訊、遊戲和應用程式等數位形式中，在旁目睹事件發生而不介入的人。

什麼樣的行為可被稱為「旁觀者」

- 有意忽略該霸凌事件
- 目睹事件的發生但選擇不採取適當的行動
- 目睹事件發生時想著：「還好這個人不是我……」

螢幕前，鍵盤上——Pause & Think

轉念遇見光，心靈不受傷

受訪 / 歐陽靖
（作家 / 演員 / 模特兒）
採訪整理 / 李碧姿

你需要知道

2020 年 5 月，22 歲的日本摔角選手木村花，也是知名戀愛實境節目《雙層公寓》參與者，因為節目設定效果，於演出中進行的舉動引發大批網友批評，疑似受不了遭受網路霸凌而選擇輕生。
網際網路的發達，社群的興盛，為人們帶來便利的生活，也經驗更多元化的人際互動與溝通形式；但匿名性與隨時隨地散播的特性，也使得霸凌行為有了多元型態和不同程度的傷害。
女星歐陽靖以過來人的經驗透露，網路時代，這種悲劇不斷地發生，不只是公眾人物，連一般人都深受到影響……。

10 多年前，還沒有臉書的年代，歐陽靖意外在網路上發現有人成立了「為什麼討厭歐陽靖」的奇摩家族，成員有 800 多人，討論的內容包括「歐陽靖是不是有被強姦過啊」、「譚艾珍做了那麼多好事，還不是生出這種女兒」、「歐陽靖拉 K、嗑藥、抽大麻、整形」、「歐陽靖根本就在藉由朋友的死炒新聞」等惡意攻擊的字眼。

那段被網路霸凌的暗黑歲月，讓她一度想輕生。她有感而發表示，當時年輕的她，每天看到網路上針對性的謾罵留言，根本無法承受，更不能理解自己為什麼被這樣對待，只因為自己是星二代？還是因為身上刺青、特立獨行？這些傷害讓她失去理性，以自殘控訴，並將自殘後照片 PO 網。她的脫序行為不僅讓媽媽難過，還引發外界更嚴重的批評，讓她一度想自我了斷⋯⋯。

面對網路霸凌，轉念遇見光

針對酸民的酸語，歐陽靖以自身的經驗分享如何面對網路霸凌。

首先，必須先仔細思考，區分哪些留言是建議、批評，哪些是霸凌。歐陽靖進一步說明，如果是來自想法觀念不同的網友，非人身攻擊的「建議」和「批評」，她認為最好的處理，是對網友質疑的爭議點做公開澄清。若是自己犯錯，須誠實道歉，並刪文止血。若是被誤會，就需解釋清楚，但也必須有「即使解釋了，依然有人不會相信」的心理準備。

若真的遇到沒道理的網路霸凌，歐陽靖提醒可從「法律層面」和「心理層面」來處理。法律層面上，要低調截圖蒐證，提供警方備案。在心靈方面，承受網路霸凌並不容易，有很多年輕人因而憂鬱、自殘，甚至失去了生命。歐陽靖坦言，2005 年，當時 22 歲的她，因無法承受嚴重的網路霸凌和週刊的負面報導，選擇用自殘並將畫面 PO 網的方式來回應，做了最壞的示範。所幸，曾一度還想輕生的歐陽靖轉了念，想到「身邊有愛我的媽媽，還有我愛的貓咪」，讓她打消念頭。

寫下問題反思，靠這招醒過來

她回憶道，她想到一個方法，在 2 張紙上，分別寫下酸民帳號及她所愛的人，並在心中自問以下的 8 個題目：

1. 你認識這個人嗎？他是誰？做什麼的？
2. 這個人在過去曾跟你有過接觸嗎？
3. 這個人在未來會跟你的真實生活有連結嗎？
4. 這個人認識真正的你、了解你嗎？
5. 這個人從發表對你的批評言論這件事之中，可以獲得些什麼？
6. 如果你消失了，他會怎麼想？
7. 如果今天被霸凌的對象不是自己，你覺得這個被霸凌的人應該要怎麼做？
8. 如果現在能跟被霸凌者面對面，你會對他說什麼？請寫下要對他說的事情。

神奇的是，當歐陽靖完成所有問題後，突然能夠感同身受地了解這些「網路霸凌加害者」的心情，他們去霸凌別人的目的，可能只是為了填補自己的自卑；而更重要的是，她驚覺這些網路酸民跟自己的人生「一點關係都沒有」！

避免網路霸凌，從小建立正確概念

歐陽靖表示，當年會利用上面 8 個題目自問自答，未尋求家人幫忙，主要是從小父母很忙，有問題需自己解決。此外，父母不熟悉網路，無法體會網路對於年輕人的重要性，網路世界的人際關係是他們最在意的。所以當遭遇網路霸凌時，尋求父母的支持很可能會碰壁，甚至遭到父母質疑「一個不認識的人，幹嘛那麼在意？」

現代父母工作忙碌，常以平板或手機來獎勵孩子，或讓孩子安靜不吵，好讓父母可以處理自己的事，漸漸的孩子習慣沉迷於網路世界，網路成了生活的全部。剛升格為人母的歐陽靖說，她的小孩未來也可能遭遇網路霸凌，她認為重要的是，在教養上，並非避免讓孩子接觸網路，而是在成長過程中，從小給孩子建立一些正確觀念，教導孩子分辨真實社會與網路世界的差異。歐陽靖也以過來人的身分建議正遭受網路霸凌的青少年，試著看看外面真實的世界，去接觸身邊的人群，你會知道，有多少人愛你。

希望沒有霸凌，靈魂不再受傷

「自己既然是公眾人物，比一般人受到更多關注，當然也會被用放大鏡檢視，甚至受到更多無端的批評……。」15 年過去了，歐陽靖表示，過去的負面報導與資料仍留存在網路上，但她藉此提醒自己，永遠不要被網路霸凌給打倒。

最後她強調，成為霸凌加害者，通常都有很大的心理問題，例如，在成長過程中曾受到忽視、被遺棄、被瞧不起。歐陽靖語重心長地說：「唯有充滿愛與包容的人際互動，才能停止這個惡性循環。」她希望有一天，世界上再也沒有霸凌、再也不會有靈魂因此而受到傷害。

4步驟引導孩子走出網路霸凌傷害

諮詢／潘俊瑋
（諮商心理師）
文／鄭碧君

你需要知道

根據澳洲網路安全教育eSafety網站提供的數據，在澳洲，2016年6月至2017年6月間，每5個兒童青少年中，就有1人在網路上遭受排擠、威脅或虐待。這些遭受網路霸凌者，有55%會向父母尋求幫助，28%向朋友求助；有38%會關閉使用的社交媒體帳號，有12%的人選擇向社交平台或網站檢舉。上述數據顯示，向父母求助的比例雖達五成，但很多兒童青少年也表示，遭受網路霸凌時，不開口求助或不願說的原因包括：不覺得是嚴重的事、擔心被責罵、怕父母擔心，或怕大人過度反應讓他們丟臉，或覺得父母會聽不懂……。

自2004年起，董氏基金會心理衛生中心即設置了一個線上諮詢平台「心情頻道聊天室」，每週五晚上由精神科醫師、心理師與網友直接互動，提供情緒支持與心理健康問題的諮詢服務。許多網友透過此平台吐露自己的心情、壓力事件，也從醫師、心理師的引導，以及同時在線的其他網友的同理，獲得支持與紓壓。曾有一位網友分享自己的故事，他因為一篇文章的內容與風格，和班上一位同學雷同，於是被當成抄襲，遭受同學在網路上發文辱罵，現實生活中，在班上也被排擠。當他哭著向家人說時，家人卻說：「誰叫你要發文，不要發文，他們就不會弄你了啊。」該名網友說，聽到家人這樣回應，他感覺更受傷。他說，「的確，我可以關掉網頁，不發文，風頭過了可能就淡了。但家人的反應，直接讓我的世界崩毀了！」

當孩子因遭受網路霸凌而感受痛苦時，父母或師長都希望能盡快讓傷害停止，但也許不清楚該怎麼做、怎麼說，才能讓孩子感覺被接納、被同理，而不是落入「又在說教」的窠臼中？
有多年陪伴受霸凌傷害經驗的諮商心理師潘俊瑋建議，不妨依循以下步驟，慢慢引導並給予有力的協助。

傾聽與接納、明確的承諾

一開始，可以對孩子說：「我發現你最近看起來有煩惱，我很想多了解你一點，是不是發生什麼事了？」待他們有談論的意願時，接著給予承諾：「我可以跟你一起討論、解決，我向你保證說出來之後不會有任何處罰，也不會有其他人知道，你可以放心地把煩惱告訴我。」讓孩子知道「訴苦」這件事在家是被允許的，並鼓勵、協助孩子精準地描述生氣、難過、害怕、擔心、焦慮等情緒，以及分享他的觀點和想法。

同理與肯定

幫助孩子學習重視自己的感受，接納負向情緒，像是對他說：「爸爸媽媽也需要朋友，如果被朋友誤解了，我們同樣也會感到難過和委屈」、「會有這些感受都是很正常的，如果是我被他們封鎖／排擠，我也會感到震驚與難受。謝謝你告訴我，你委屈／辛苦了。人人都有挫折的時候，我們來看看能從這次經驗中得到什麼。」
收尾也重要，「謝謝你對我的信任，願意告訴我你被霸凌了，我願意陪你一起面對困難。」

心態建立，鞏固防護罩

1、理解但不需認同：協助孩子理解霸凌者可能的心態，但無需貶低自己或對號入座。引導孩子將重點聚焦在藉由此次經驗是否更認識自己，譬如「原來我很在乎他們，因為……」、「我原來常用這樣的方式交朋友」、「我理解到他們封鎖我的原因可能是……，但我知道那是他們的選擇，與我無關」、「對於他人的霸凌言行，我有權說不或拒絕」，從中學習處理失落情緒，提升抗壓性與自我肯定。

2、練習社會化：重新理解與建構對網友、朋友、好友、閨蜜、兄弟等親疏遠近人際關係的定義，引導孩子將適當的對象放到適當的人際圈中。對於網路上陌生人的不當言行，套句網路用語：「認真你就輸了」。不妨告訴孩子：「我們不必討好眾人，尤其是當那些進行『制裁』的人其實和自己都毫無關係時。唯有現實生活裡的人際連結，才能提供我們真正具體且堅固的支持。」

3、自省與整理：練習分辨哪些是無心但開過頭、不成熟的玩笑，哪些是我該拒絕的惡意，哪些是我能改善的缺失，協助孩子後續人際互動上的修正與因應。

4、協助聚焦在具體可執行的人際目標上：讓孩子了解「大家都要喜歡我」是不實際的，而是應學習如何發揮自身的優點以幫助更多的人，展現自信，發揮自我價值。

尋求第三方專業協助

面對問題才是解決問題的開始。若父母覺得需要求助專業人士，也應以孩子的觀點為基礎，與專業人士共同討論解決方案。也可以鼓勵和陪著孩子與學校輔導老師或相關單位的心理師聊聊，讓專業人士在一個比較安全的環境中，運用同理技巧的對談，有效帶領孩子度過霸凌風暴。

大人在此事件中應作為子女的「橋樑」，連結更多資源，並示範「適時求助」也是重要的自我照顧能力，溫柔且堅定地帶入學校資源。有父母在旁的支持，他會更有信心與勇氣面對問題、練習求助與信任。比方可以這樣說：「謝謝你對我的信任，願意告訴我你被霸凌了，我願意陪你一起面對困難。但我的能力有限，知道一些很棒的老師能幫助我們，如果你願意試試看，讓我和○○老師聊聊，試試他的方法。如果之後你覺得放心，也願意和我一起去找老師聊聊，我很樂意帶你過去。」

潘俊瑋心理師最後提醒，當孩子被霸凌時，大人不需過分強調被害者心裡的創傷，以及執意追討加害者該如何賠償才符合公平正義，「因為在霸凌事件中，沒有人是贏家，我們所認定的網路霸凌加害者，往往也只是正在探索成長的孩子，也往往有他自身的困難。」若父母執著於二元對立，孩子會有樣學樣，反而易陷於以暴制暴，將無助於消弭對立與理解霸凌經驗。建議應把握時機，幫助孩子增加他對自我的認識，並學習人際社會化歷程，將這些碰撞、跌倒，轉化為成長的養分，提高孩子的挫折容忍力。

幫助孩子，你該知道的還有這些

若孩子主動向你求助，你應該高興，表示孩子信任你。請保持鎮定，不過度反應
不急著回應孩子的提問，也不急著提供建議，要聽不同角度的說明
過程中都要保持聆聽及開放的態度，讓孩子感覺自己有受到尊重
對孩子表示你願意和他一起共度這個難受的關卡，一起找到解決的方案
讓孩子了解，你的最終目標在協助他恢復自信及增加自我調適力，不是為了要懲罰別人

負面情緒的思考陷阱

諮詢 / 詹佳真
(臺北市立聯合醫院中興院區
一般精神科專任主治醫師)
文 / 李碧姿

你需要知道

網路霸凌是直接、惡意、持續地貶抑、排擠、羞辱、嘲笑受害者，受害者可能陷入負面的思考中，腦海中持續出現霸凌者所發送的訊息，產生「我是失敗者」、「沒有人喜歡我」、「我很笨、我不應該存在」……等想法，進而影響情緒、自尊降低、甚至出現自殺想法。根據一篇 2017 年發布於《美國流行病學雜誌》的研究指出，積極正面的思考，能促進心理健康，提升幸福感覺。 因此，除了給孩子正確的網路使用資訊教育外，能強化其心理韌性也很重要。

2019 年秋天，25 歲的南韓藝人雪莉於家中結束了自己生命。雪莉從女團退出選擇單飛後，就不斷受到「黑粉」謾罵，而她因健康考量選擇不穿內衣的做法，也引發酸民侮辱。在 2018 年，雪莉的經紀公司曾推出雪莉的真人秀節目，雪莉說希望透過這個節目的播出，改變黑粉對她的看法。節目中，她坦誠自己因為從童星出道，深受不被當成小孩看待的壓力，因而產生社交恐懼及恐慌症，雪莉節目中的一席話：「因為感到很害怕，看不到未來，所以我只能盡全力地自我防禦。即使說自己很辛苦也沒人會聽，彷彿全世界只剩我一個人。」顯示她的無助與孤單。然而，網民們對雪莉的攻擊並未停止。在長時間遭受網路霸凌的情況下，選擇輕生。

不光是名人，在以網路做為溝通、傳播訊息為主要媒介的時代，每個人的一言一行都很容易被放大檢視，甚至被曲解。如果你遇到酸民酸語，該如何面對？

臺北市立聯合醫院中興院區一般精神科專任主治醫師詹佳真指出，被網路霸凌的青少年，情緒上會呈現包括：生氣、委屈、挫折、羞愧、被背叛等負面情緒，造成的身心影響包含：憂鬱、喪失自信、失眠、頭痛等症狀，甚至產生輕生的念頭。遭受網路霸凌與罹患心理疾病有高度關聯。臨床上，「認知行為治療」是處理各種負面情緒很好的方式。家長和老師可以協助被霸凌的孩子處理負面情緒，並學習如何自我保護。

用「認知謬誤」檢視慣性思考

認知行為治療是 1970 年由 Aaron T. Beck 所發展出來的，透過觀察，他發現憂鬱症患者有共同的思考模式，因而整理出產生負面思考的自動化歷程。認知行為治療最重要的是，幫助患者覺察到負面思考，進而澄清與尋求替代性想法。對於患者為什麼會有負面的情緒與行為，認知行為學派的解釋是：負面的情緒與行為，來自於對事物的錯誤認知。也就是，當事件發生後，馬上在腦中出現慣性思考，產生負面的情緒，陷在情緒漩渦，反覆沉浸在不愉快的思緒中，這其實可能來自於對於事件的錯誤解讀，向外瀰漫，而陷入全面失敗的感受。

詹佳真醫師表示，使用網路時，多為單方面接收訊息的情境，因此若為負面的慣性思考，可能會有些不正確解讀方式。所以當心情不好時，應停止反芻及讓自己瀰漫在思考過去種種挫折與不好經驗，而是去發現此時此刻發生什麼事情，寫出當下根深蒂固、不假思索的慣性想法，然後利用「認知謬誤表」一一檢視。

不評論正面或負面，釐清事件與想法

在認知行為治療中，並不談正面和負面想法，而是慣性想法與替代性想法。不論是慣性想法或替代性想法，並不會改變事情，但情緒會因為不同的思維而有所轉變。比較重要的是如何覺察到負面思考，因為負面思考的人比較會否定自我價值，否定自己在別人心目中地位，較無法追求快樂人生。

詹佳真醫師表示，當心情不好、出現負面思考時，試著抓出慣性負面念頭。一般人常把念頭與事件連在一起，例如沒考上原來設定的科系，沒考上是事件，沒考好是念頭、想法，當下腦中直覺地想「完蛋了，我這輩子是沒出息的人」，連在一起造成心情不好。若換成正面的思考，例如想成不用跟台大的人競爭，大學生活可以很精采，心情就會不同。所以認知行為治療首先需要練習的就是把事件與想法分開，當能將兩者概念分開，就成功了。她建議，可以練習把客觀的事實寫下來，再試著抓出負面慣性想法。

慣性想法以「認知謬誤」特徵檢視後，利用反駁問句挑戰慣性想法，透過反駁問句使答案浮現，她以上述負面慣性思考為例，反駁問句如「你這個想法，有什麼證據證明，沒考上台大，人生就完蛋？」若找不到證據，至少找到與慣性想法相反的證據，「我沒念台大，也可以有意義快樂的人生。」面對網路上的酸民酸語，挑戰慣性想法的證據則是可以告訴自己「如果我沒被別人喜歡，也可以過很快樂的生活」。她以歐陽靖為例，雖然仍有些人不喜歡她，但她可以自在讓他人知道她罹患憂鬱症，借助跑步克服憂鬱症，過著自己的生活。

認知謬誤檢視表

1. 全有全無思考	極端的思考方式，眼中只有最高和最低兩端。沒有灰色地帶：不是全部都好就是全部都是糟的；不是完美就是失敗
2. 負向過濾器（過濾正面事物）	只記得負面事件，而把正面事件都過濾掉，好像你的人生只有悲慘
3. 悲觀主義	相信負面事件容易發生，正面事件永遠不會發生或發生的機率微乎其微
4. 過分誇大	誇大問題以及可能造成的傷害，低估自己處理問題的能力
5. 情緒性推論	認為某件事一定是事實，而忽略或是不考慮反向的證據。如：我覺得我是個失敗的人，即使我知道我完成許多事
6. 歸咎自己	負面事件如果發生，就認定完全是自己的錯
7. 不自我歸功	正面事件發生時，視為運氣或他人的功勞，永遠不認為是自己努力的成果
8. 讀心術	非常顧慮旁人的想法，覺得他們都在想有關你的事，而且是不好的事
9. 負面的預言（算命仙）	預言自己的未來是一片悲慘
10.「應該」主義	告訴自己應該、必須做某些事，但又覺得是被強迫、控制之下而去做，因而滿懷怨恨

11. 以偏概全	將單一負向事件視為全面的失敗。例如：他不喜歡我→沒有人喜歡我
12. 妄下結論	未收集足夠證據，遽下結論。例如：拔牙→昏倒？

檢視慣性思考

先了解自己的慣性思考模式

使用認知謬誤表檢視
練習把事件與想法分開

分兩部分進行，
一是客觀的事件描述，
再則是自己想法的描述。

確認自己對該事件產生的慣性想法

以反駁問句挑戰慣性想法

練習重建認知

諮詢 / 詹佳真
(臺北市立聯合醫院中興院區
一般精神科醫師)
文 / 李碧姿

你需要知道

根據美國 BroadbandSearch.net 網站彙整網路霸凌相關調查數據顯示，曾遭受網路霸凌者，有 64% 的人說被霸凌影響了他們的學習能力和在學校的安全感，19% 的人表示，因為霸凌事件讓他們對自己有不好的感覺，14% 的人表示，這對他們與朋友、家人的關係產生負面影響。

遭受網路霸凌會對身心健康產生極大的負面影響，而且不只讓他們「認為自己不好」，還可能影響到他們原本的生活、人際互動與學習或工作，甚至罹患心理疾病。

隨著網路的蓬勃發展，各種社交媒介、溝通平台、應用程式日新月異，我們透過這些平台分享自己的生活與觀點，也給予他人評價與回饋，漸漸地在意是否有人喜歡自己的分享、得到多少按讚數，以及留言的內容等。在使用手機溝通互動的APP，例如Line、IG、Messenger等，關注著對方是否已讀不回、揣摩對方的貼圖與表情代表什麼意思、擔心對方是否會截圖散播等。我們的思考與行為，甚至情緒，都隨之改變與起伏。

詹佳真提醒，一個人若長期處於負面情緒當中，沒有抽離，會影響到行為，包括不敢與他人溝通、自我封閉，且因為自我封閉而更堅固其慣性想法，使自己的情緒更加沮喪，最後導致拒學、無法上班。詹佳真醫師強調，有上述現象的人，若一旦遭受網路霸凌，容易陷入所有的人都在指責我、不喜歡我的負面慣性想法，陷入孤獨、絕望的極端情緒當中。

認知重建，需要練習

詹佳真醫師表示，當個案提出他對事情詮釋的慣性負面想法，而別人卻輕易就點出他想法的不符事實、不合邏輯時，往往就能喚醒個案，讓他了解原來自己並不是這麼糟糕、可憐、悲慘的人。因此，當一個人過度沉浸在負面思考時，是需要有人一起討論，重建認知。

若事涉網路霸凌而陷入負面情緒，要與當事人討論及提醒的要點是告訴他，網路霸凌是一群不懷好意者所做的惡意行為，不是他真的不好，鼓勵他勇敢對抗，尋找結盟，譬如警察、老師、父母或朋友，一起對抗。這是幫助他認知重建。

認知重建練習包括情境、慣性想法、認知謬誤、挑戰及替代性想法等 5 個步驟，有時人們容易把事件和慣性想法連結，處於被霸凌情境時，自動化產生自己不好的想法，而未覺察出「被霸凌」並不是因為自己不好，而是別人惡意攻擊。

詹佳真醫師也建議，心情不好時，可試著寫情緒日記，先透過對慣性負面慣性想法的覺察，一一寫下，然後再一一反駁，就能找出較正面的替代性想法。

不過，當情緒太低落，自己無法從慣性想法當中抽離出來時，建議至少找一個比較客觀、理性、信任、樂觀的朋友，協助自己練習認知行為療法，幫助自己暫停負面思考。

要正視痛苦，找出原因

詹佳真醫師以自己治療過的個案為例，她請個案寫情緒日記，發現他認為朋友在看到霸凌的內容後，會改變對他的看法。所以她問個案，「朋友中有哪些人因看了之後，對你的態度改觀了？有哪些人看了之後反而來安慰你？」、「網路霸凌你的這些人，是你的好朋友嗎？失去這些朋友對你會有什麼損失？」透過一步步提醒，讓個案慢慢認清，網路霸凌對他真實生活的傷害，包括：自我封閉、拒學、無法念書、成績退步等，反而比他因為怕網路霸凌造成別人對他的不好評價的自我傷害更大。她建議透過記錄、理解、練習，把這件事情擺在一邊，回到生活的正軌。

詹佳真醫師也強調，若網路霸凌受害者沒有調整想法，即使轉學，類似的情況還是會一再發生，建議需學會保護自己的復原力，利用認知行為治療策略評估網路霸凌對他所造成的損失，有技巧地把孩子現在腦袋想的困擾事情抓出來。有時，孩子很痛苦不願談，就是最怕別人只是告訴他「想開一點、不要想、這無所謂，不要在意這件事」。認知行為治療是正視痛苦，試著來找出原因何在。

認知行為治療練習是改變的契機

使用網路時，詹佳真醫師提醒，不放大對於文字使用和文字閱讀的反應，過分誇大本身就是非理性的思考模式，容易以偏概全。預防霸凌最重要是教育，教導孩子正確使用網路，若遭遇網路霸凌都不要做任何回應，只要存證蒐證，報警或找老師處理，做好自我保護，只有透過法律途徑，網路霸凌加害者才會縮手，避免有機可趁，借題發揮。

身為家長也要避免說「關掉電腦，走出去」，這樣並沒有正視被霸凌者的痛苦，認知行為是從接受他的痛苦開始介入，討論痛苦的事情是甚麼？為什麼造成痛苦的原因？針對這事件的想法是什麼？讓受到網路霸凌者能充分表達出自己的感受與想法。過程中，情緒先被接受，然後再思考如何一步一步擺脫負面的情緒，每一個步驟都是有客觀的技術，是可以被討論的。因此，當心情不好時，最重要是不要放任情緒不管，像漩渦一樣心情直往下掉，她建議開始做認知檢視練習，試著把不好的情緒記錄下來，分別陳述事件本身和當時的想法，一旦兩者分開有介入點，就有改變的契機與可能性。而如果這一切都無法改變或執行時，也別忘了尋求精神醫療專業人員協助。

重建認知 - 練習寫情緒檢核表

透過寫情緒檢核表，能重新檢視自己腦海裡浮現的想法與意象，同時可闡明認知扭曲或檢討預測將來的現實性，做法可參考如下，畫下三欄位的表格，分別寫下 1. 感受到的狀況（例如因為對方的甚麼作為，讓自己有感覺是遭受霸凌）。2. 那時候的感受。3. 那時候腦中浮現的想法。

感受到的狀況	那時候的感受 知覺（感覺）	想法

如果進一步想去修正和現實出現差距的地方以及不合邏輯的地方，這時可以使用五個欄位法。亦即除了上述三個欄位，再加上兩欄，分別為：1. 取代當時浮現的想法，採取更真實的、適應性的思考方式。2. 最後的知覺與想法。

資料參考：《不再憂鬱，從改變想法開始》，董氏基金會出版，2002。

你問我答

來自兒童青少年的疑惑

諮詢 / 陳質采（衛生福利部桃園療養院兒童精神科醫師）
胡延薇（淡江大學通識與核心課程中心專任講師）
黃雅芬（黃雅芬兒童心智診所院長）
潘俊瑋（諮商心理師）
林家妃（新北市新北高中輔導主任）

採訪整理 / 鄭碧君

內向的安琪不善表達，無論在班上或社團活動的人際相處上，經常面臨溝通障礙，總覺得自己不像其他女生那樣受歡迎。但她近來發現，身處網路世界時，她便不再是 nobody。尤其是當 PO 上一些只拍出頸部以下的清涼養眼照之後，貼文讚數和匿名帳戶的追蹤人數往往都能瞬間衝高，還有好多男生留言想跟她認識……。

於是，安琪越來越沉迷於在網路社群上分享更多自己穿著暴露、姿態撩人的畫面，就連在學校也索性不上課了，時時刻刻把握時間和網友大聊特聊，享受有如網紅般受人關注的滋味。不過，這幾天她發現網友們的回應越來越失控，從原本的讚美之詞，漸漸變成大量充滿性暗示的色情留言，甚至還有人問她是不是就讀某某高中的○○○。

有天下課，班上幾個同班男同學湊在一起‧發出奇怪的笑聲，「這麼好的福利，要不要傳到班群上？我來貼⋯⋯」接著群組上出現許多安琪裸露身體的截圖，同學也紛紛在底下留言：

「超辣～」

「看她發文的感覺怎麼好像是我們學校的人啊？」

「啊！真的嗎？如果是，我要趕快去認識！」

「這些照片很噁心耶，你們超變態，不要再傳了啦！」

「誰變態呀！她自己都露在網路上給人看了⋯⋯」

看著這些留言，安琪心想：這個班實在太討厭了，從明天開始，再也不來學校了！

Q：朋友傳送了讓我不開心的訊息或圖片，表示我被網路霸凌了嗎？

陳質采：彼此尊重且健康的人際關係，是需要被提醒的，即使是我們大人也是一樣。既然是朋友，可以直接跟對方表明，你不喜歡看到這樣的圖片或訊息，比方說：「希望你可以站在朋友的立場，收回或刪除PO文」。建議「對事不對人」，盡量用一種比較理性、無害的方式表達自己的想法與不舒服的感受，避免以攻擊、辱罵、批判、排擠等方式處理。

林家妃：看到讓人不開心的訊息或圖片，例如自己出糗的事，或是取景角度怪異的醜照，是否就代表被網路霸凌了呢？我會視當事人感受的狀況而定，並和他討論那些訊息或圖片的內容，「你覺得不開心的程度是幾分？」、「是訊息或圖片的哪些部分，讓你感到不愉快？」會先用關心的角度去理解孩子的看法，更深入了解這些訊息或圖片對當事人的意義及影響，因為對有些學生來說，本身可能就有一些需要處理的個人議題如：人際、家庭問題或壓力事件等，同儕傳送的內容也許是一個引爆點，對當事人而言，真正的傷害及影響是背後的原因。

胡延薇：我的學生多數會表示並沒有惡意，只是覺得某張圖片很好笑、有趣，也沒多想就分享出去了；或是為了要顯示自己很跟得上時代，所以也學他人傳送不雅的照片；或者是看到某個人被其他人嘲弄、訕罵，因為有同感便又加油添醋跟著留言。一般來說，不需要用到挑釁的語言，只要明確而即時的告訴對方你的感覺，大部分都會自我收斂的。也可以告訴對方可能觸犯什麼樣的法律，一方面暫時遏止他們的行為，一方面也能對那些覺得好玩而打算加入的人形成警惕作用。

Q：如果遭受了網路霸凌，但是不想和爸媽、老師說，我可以找誰幫助我？

陳質采：因為這是過去從沒經歷過的事，所以有害怕的感覺是可以理解的。最好還是告訴自己的家長或老師。假如不願意這樣做，那麼建議找自己能信任的大人，例如哥哥姊姊、輔導老師、學校護理人員等。如果對自己一個人去求助會擔心或恐懼，不妨一開始找好朋友陪著你去說，增加勇氣。

林家妃：我自己經常碰到的狀況是，學生明明在網路上遭受到霸凌，但求助的管道竟又跑回網路上。一來，經由網路搜尋到的答案未必是完整、正確的；二來反而會從網路接收到不良或不正確的觀念。有些學生則會找朋友、同學商量，以上方式並非不好，但畢竟以同儕的年齡和經驗而言，他們所知的資訊都是很有限的。尋求具有專業的人士或機構來協助，會是比較好的做法。

潘俊瑋：教育部設有24小時反霸凌專線0800-200-885，是免付費的電話，會有大哥哥大姊姊在另一端提供幫助；也可撥打生命線協談輔導專線「1995」傾訴。除此之外，可以多利用學校資源，把遇到的困擾、疑難或心情書寫下來，直接投入輔導室信箱內，老師會根據狀況再個別約談或回信，整個過程都是保密、安全的！

Q：朋友間流傳著另一個同學的不雅照片、影片，也傳送給我了，我不知道該怎麼做？

胡延薇：很明確地告訴對方「我對這個沒有興趣，也覺得不舒服，以後不想再收到」，避免直接用「你很噁心」等言詞回應，可能反而會激怒對方，導致衝突。假如已經清楚告知，或是無法傳達「我不喜歡」的訊息，或下定決心封鎖之後，不當內容還是持續在流傳，已嚴重干擾到自己時，可求助學校的輔導老師、家長或相關專業團體尋求諮詢。

林家妃：如果已經意識到這些被流傳的照片或影片，明顯有觸犯法律的可能，這時我們就不能再把自己當成是旁觀者了。若是和這個群體的關係還不錯，可以鼓勵青少年要跟同儕說

「我們不能這樣做，可能觸法，也會傷害到當事人」。不過假設是個性比較內斂的孩子，不太想用這種直接的方式處理，也許可試著輾轉尋找和雙方關係都不錯的第三方，例如導師或具有公信力的師長，尋求協助。

Q：我只是開個玩笑，但他說被網路霸凌了？

陳質采：「開玩笑」這件事要建立在一個健康且別人也感到開心的前提下，如果別人因為你的玩笑而不開心、不舒服，那就是一個很差勁的玩笑。所以請尊重對方的感受，也跟他說明自己沒有霸凌的意圖。

胡延薇：也許剛好誤觸對方的地雷了，若是有疑惑，不妨先去問問第三者的意見，比方詢問其他同學、朋友「我這樣說真的不好嗎」、「你看到這個訊息，感覺如何」等。網路世代有一個很難避免的現象，就是訊息量很多、很快速，也很直覺，當接收方沒有做出明確的反應時，或者往往在缺乏手勢、身體動作、語氣等非語言溝通的狀態下，讓傳送者以為對方不排斥而繼續相同的行為。至於打算傳送一些自認為有趣、好笑的影片，或覺得自己只是在表達關心時，應多加思考若你是當事者，看到時會有什麼感想，這些內容除了好笑，背後是否還有其他意義等。

林家妃：無論是網路上的圖片、訊息或現實生活上的人際相處，並不是每個人的認知都是一樣的，且要提醒青少年切記務必「尊重」這樣的個別差異與所謂「開玩笑」的界線。請釐清自己在網路上傳送的訊息、發表的言論，動機、原因和來龍去脈是什麼？除了這個事件以外，自己平常在其他網站跟其他網友的互動，甚至是你和家人、同班同學與朋友之間的對話相處，也是這種模式嗎？藉此釐清與教育「尊重」的觀念，並提醒大家網路胡亂散布不實謠言、辱罵他人，都可能觸犯刑法的公然侮辱罪與誹謗罪。

潘俊瑋：要判斷開玩笑跟霸凌這兩者間如何拿捏，關鍵就在於「把當事人主觀感受當一回事」。若當事人表示感覺自己被霸凌了，那你開的玩笑對他來說，就是一種霸凌。若不確定自己的玩笑是否讓對方感覺被霸凌，就得練習謹言慎行。建議大家可以做這樣的練習：不在第一時間就把當下蹦出來的想法和話語傳送出去，不論你是想吐槽別人，或單純覺得好玩的話，先把它寫下來，或唸出來，反覆咀嚼，感受一下；接著學習用簡短的文字精準表達你的想法、觀點，避免用情緒性的字眼，或會使對方陷入窘境的說法。

Q：我知道有人被網路霸凌，我沒有加入，只是旁觀，我也是霸凌者嗎？

潘俊瑋：旁觀者不需急著為自己貼上霸凌者的標籤。由諮商經驗看到的案例，旁觀者的情況更多時候是不知所措，困惑自己到底該選哪邊站。因此，建議先問自己一個問題：我是冷漠還是不知所措？如果是後者，不必自責，也許你是頭一次遇到這樣的事，應該先接納自己；第二步則是通報學校師長或相關機構，你未必要自己跳下來介入處理，但仍可透過校園裡或社會上的反霸凌資源與管道，在能力所及範圍內，趕快去做。如果你不僅知情也目睹了霸凌過程，並且自我覺察到對整起事件採取冷眼看待，那麼提醒你，「袖手旁觀者」其實也是霸凌共犯。過去我在進行個別諮商輔導時，不少被霸凌者在談到過去的經歷時，仍說自己常想起當時那些旁觀者，至今仍陷入「到底要不要原諒他們」的矛盾中，可見這個影響是深遠的。

胡延薇：以我曾在任教班級做過的抽樣調查，顯示當班上有霸凌事件發生，尤其是網路霸凌時，大約有三分之一的同學皆選擇沉默旁觀。多數原因是認為事不關己，或是基於獨善其身的個性；還有一種是擔心若自己選擇站出來說話，可能也會成為下一個受害者。

但請別忽略網路具有煽動性和快速的特色，就好像植物的地下莖一般，經常在你意識到它的蔓延時，情況已經失控了。任何人都不應該坐視不公平的事情發生，冷漠、圍觀、起鬨都會助長霸凌者的氣焰，當得知這樣的現象時，最好向學校的教官或導師反映。

林家妃：從道德和心理的層面來看，即便只是冷靜看待，沒有成為霸凌事件參與的一員，但大多數旁觀者仍會有罪惡或無助的感覺。因此，在安全可為之的情況下，建議不妨適度加以制止，比方說，原本霸凌者有五、六個人，其中我們是不是能找出比較可以溝通、關係較好的一、二個人進行勸說，慢慢降低霸凌人數與受害者被傷害的程度。

Q：我無法讓自己停下來，總是想要去看別人對我的回應、留言，我也知道不用太在意網友們說的話，但是我做不到？

陳質采：這類型的個案通常是還未意識到自己其實具有絕對的自主權，可以去選擇看或不看，也可以訴諸體制請成人協助。由於同儕還年輕，不論在思考的層面或社會經驗都較為不足，單純以同儕力量希望對方能有所改變通常效果不彰。另一種因應方式是，調整自己的心態，若不想看到別人酸言酸語，那麼就拒絕交友邀請或封鎖對方等。

林家妃：以我過去輔導的經驗為例，我會和同學討論及探究「為什麼你這麼在意」，明明知道那些發言並不是出自客觀的角度，卻還一直去看。另一方面，我也會留意他平常處理其他事情時，是否也是套用同樣的模式在處理。因為經常有很多這樣的個案是屬於自我認同感比較低落、缺乏自信心，以及對人生感到茫然、缺乏方向感的孩子。應協助他盡量找出自己的興趣、休閒，或是忙碌有意義的事，轉移注意力，減少流連網路的時間，避免將生活焦點放在網友身上。

潘俊璋：想要反覆確認網友留言，或在乎他人看法，內心可能有許多擔心與焦慮，想要做點什麼，但又不知道能做什麼來改變別人。首先應減少對自我的責備；其次，「改變他人」是一個不切實際且又傷害自己的期待。既然想要做點什麼，不妨把力氣花在具體有效的事情上，例如：多點自我了解，探索自己最擔心的是什麼？哪些人、哪些事是我重視的？哪些事是自己可以做到，不必依賴他人，就能避免擔心的事情發生？另外，發展網路以外的其他人際支持系統，可以讓自己用更廣闊的社交圈獲得他人的回饋，建構對自己更全面的認識。

Q：網路霸凌和一般傳統霸凌有甚麼不一樣？

陳質采：傳統面對面的霸凌，在形式及場地上，都會比較受限，而網路霸凌不僅傳播的距離較遠，也會廣泛被更多人知道。反過來說，一般傳統霸凌若有牽涉到肢體暴力的部分，會直接影響人身安全，具有一定程度的威脅性；但網路霸凌之於受害者，除非結合現實世界，例如網路社群糾眾打人，否則相對之下，還是以心理或精神的威脅為多。

林家妃：實體霸凌有很明確的地點或幾個對象，但網路霸凌包含熟識與匿名者。此外，當受害者遭遇實體霸凌時，多半在離開特定環境後便能得到喘息空間，但網路霸凌卻是無時無刻都可以進行的行為。兩者無論在場域、時間點、對象等本質上皆有差異。必須注意的是，因為現在的青少年過於依賴網路，一些不經意的文字就可能刺激到少數個性較敏感、脆弱的人，引發其負面情緒，造成沉重的傷害。

黃雅芬：網路的匿名程度高，而且是一個 24 小時都能接觸到的環境。舉凡文字、訊息、圖片、音頻、影像等內容，非常容易就能向外散播，除非發布者本人願意刪除、撤銷，或是網路業者願意受理投訴而協助移除，否則相關內容便會長時間存放在網路上供所有人（包含被攻擊的當事人）重複觀看與回應，而旁觀者的數量隨著時間的流逝可能會龐大到無法估算，因此在網路上發生的各類侵犯行為或霸凌，為當事人所帶來的影響力與心理傷害，通常會比實體互動更久且更為廣泛。

潘俊瑋：網路的特性是傳播速度快、管道多元、難以追溯，可能只是先發布在爆料公社，明天可能就會出現在各大論壇、Line，或媒體報導裡。因為匿名的關係，加上網路使用者多，所以霸凌者往往覺得責任被分散掉了，比方「我講這句話，別人也有講，一旦出了什麼事，大家一起擔」， 因而感覺自己可以為所欲為。但這並不是事實！任何涉及誹謗、侮辱、恐嚇的言語，依年齡和情節輕重，須負刑事責任或保護處分，不可輕忽！

Q：我朋友被網路霸凌，他只告訴我，我可以怎麼幫他？

陳質采：首先，找可以信任的大人一起討論自己的擔心和害怕，以及像這樣的事可以如何幫助好友，讓他可以好起來，又不會誤會自己去告密。然後，協助好朋友積極面對，譬如你已經探聽到像這類事件可以求助的管道，了解他有什麼擔心的地方，比較想先試試哪個管道，以及你願意陪他面對。溫和堅定地告訴他，自己或許沒辦法每時每刻陪伴，請他相信自己，也相信好朋友，在沒人陪伴時關掉傷害他的網路。

林家妃：當好朋友被霸凌，然後只告訴你一個人，我相信你一定也承受了很大的壓力，以及想幫又不知該怎麼做的無能為力感。多多關心並給予朋友支持固然很重要，但也別忘了適當紓解自己的個人壓力喔！例如透露給你的父母或師長等大人知道。但如果想終止霸凌現象，可能還是要跟同學、朋友就各種可尋求協助的方式事先討論。最理想的做法是徵詢他的意願，讓你陪同他一起向老師、家長或專業人士反映。

潘俊瑋：如果你的朋友願意告訴你，那麼恭喜你，表示你在他心中是個可以信任的朋友。這份「被信任感」會促使你渴望能替他解決所有的困難，看到他再度快樂起來，當然，你也會為此感到壓力，任重而道遠。第一，我們在心態上要避免自己成為「救世主」，不要有捨我其誰的衝動，與其一個人扛，倒不如協助他連結更多可用的資源，傳達「你不孤單，我會陪你一同走過」的支持；其次，我們不需要對霸凌事件有過多的評價或情緒，縱使有，也可以先放在心中，以安撫朋友情緒、表達同理與支持為重，先建立起彼此的信任關係。我們可以這樣回應：「謝謝你對我的信任，願意告訴我你被霸凌了，我願意陪你一起面對困難，但我的能力有限，而且知道有一些很棒的老師能幫助我們，如果你願意試試看，讓我和〇〇老師透露，試試他的方法。假如之後你覺得放心也願意和我去找老師聊聊，我很樂意陪你過去。」身為朋友，最有效的方式仍是作為他的「橋樑」，連結更多資源，溫柔且堅定地鼓勵他尋求師長的幫助。有你在旁邊的支持，他會更有信心與勇氣面對問題，尋求幫助。

防網路霸凌，父母需要知道的

諮詢 / 洪櫻娟（高雄市阮綜合醫院身心內科醫師）
吳姿瑩（臺北市大直高中輔導主任）
林苡彤（臺北市大直高中輔導老師）
周明蒨（新北市大同高中學務主任）

採訪整理 / 黃苡安

一名從事輔導工作 20 年的老師回憶，早年剛進入教育界，在龍蛇雜處的西門町周邊學校服務，學生常以肢體暴力方式處理衝突，言語霸凌、人際排擠也司空見慣，下課經常要到廁所巡邏，查看有沒有學生被圍毆，每逢校慶或畢業典禮更要重兵部署，與警局保持連線。處理起來雖令人心力交瘁，但問題通常顯而易見，比較容易還原事件真相，在兼顧雙方感受和需求的前提下，將問題化解。

時至今日，置身社群時代，即便經驗豐富的老師都強烈感受到一種未知的恐懼。「蠻多時候，連事情是怎麼發生的都有點隱晦不明，可能只是在臉書留言或按個讚，或在學校有不愉快，延伸到放學後。無法預期今天孩子在網路上與人起衝突，後續會遇到哪些風險？例如被不認識的網友警告等。看不見的恐懼比看得到的更具恫嚇效果，且不容易拼湊事實，因為很難去網路把人找來問清楚。

剛升 10 年級的小志，在班上結交了幾名好友，大家嬉鬧玩樂，有幾次小志被捉弄得有點生氣，卻不敢表達，直到一回大家取笑小志「娘炮」，意外踩到他的紅線，想起過去曾多次被同學捉弄，小志頓時悲從中來，覺得被欺壓，於是到經常交流的網路論壇取暖，哭訴遭到霸凌，學校卻坐視不管，害他持續被霸凌，並一一公告同學們的名字。

不料引發網友群情激動，情緒性發言灌爆這些男女同學的臉書和IG，要他們出校門小心，甚至揚言性侵女同學，學校所有能留言的地方全被灌爆。該校老師餘悸猶存地說，學校網路流量未曾像這樣瞬間爆量過，網路的擴散力讓你處理不來，又多又快，很不理性，酸民不在乎學校處理流程，只是一再要求學校給說明。

面對排山倒海而來的攻擊，學生們產生集體焦慮，女孩更出現退縮、害怕上學等創傷。經過一連串調查、輔導，校方展開修復式正義，讓雙方當事人及家長得以對話溝通，達成和解。小志也在爸爸協助下，上網澄清事實，結果酸民又回過頭攻擊小志……。

網路世界裡，人人都想當法官，卻沒意識到這樣評論別人的行為有待商榷。

Q：網路霸凌和傳統霸凌中的言語霸凌有什麼異同？

林苡彤：霸凌現象本來就會存在，即便沒有網路，在現實生活中被欺負的孩子，還是會被以其他形式的手法欺負。長時間上網，只是讓霸凌者更有機會透過網路做這件事。從前沒有網路，要講別人的壞話，必須打電話或面對面說，現在大家習慣在網路發言，隨手就截圖、轉傳，不實或惡意的訊息很容易散布，網路讓霸凌變得更容易、更快速、也更具殺傷力。

周明蒨：孩子們享受網路的便利，對網路安全的戒心卻很低，容易輕信網路上所呈現的資訊，卻忘了去查證。許多酸民很閒，一整天掛在網路上，看到任何蛛絲馬跡就恣意發表意見，若有人帶風向，就經常出現一面倒的言論。只是這些意見可能與事實不符，甚至與事實無關，對當事人造成莫大壓力。此外，網路隱匿的特性，會加劇極端言論的出現。在現實生活中，如果同一件事在不同的人口中有不同的說法，我們就會考量兩人的背景和經驗來決定採信誰的說法；但在網路上，看不出每個人的背景，10 歲小孩和 40 歲成熟大人的意見會被等值，使得某些事可能被小孩或別有居心的人帶風向，但跟事實可能有很大落差。

洪櫻娟：在現實世界很活躍的人，依賴網路社交相對較低，網路發生什麼事，對他影響比較小。社交敏感 / 畏縮的人，往往在網路特別活躍，吸引很多人關注，甚至成為女王或意見領袖，如果這類型的人在網路上遭到攻擊，影響就非常大。當孩子開始使用網路與社群媒體，家長就應教導網路使用安全與禮儀，提醒孩子，情緒激動時，不要隨意 po 文。

Q：小志的行為算是網路霸凌嗎？

吳姿瑩：現實生活中，小志和同學沒有拿捏好人與人的遠近親疏，哪些話能說，哪些不能說，而產生小志被言語霸凌的事件。在網路上，無論用文字、圖片或影像，只要是用傷害性的方式在網路上散播，超越一般人際分際，讓當事人感到丟臉、羞愧、覺得被羞辱、誹謗，就算網路霸凌。如同上述案例，小志出於想博取同情的心態上網留言，且公告同學的個資，引發網路公審，導致同學身心受創，他就是網路霸凌同學了。

周明蒨：不論有任何理由，霸凌行為就是不對。要了解霸凌者為何選擇這個對象？他們之間有什麼狀況？霸凌者可能會將自己的行為合理化，他可能會說：「對方衛生習慣很不ok，我是在教他。」輔導者可以針對他的價值觀做處理，這樣才能避免未來再度霸凌別人。可以先用外在規範（校規）約束，再透過對他內心的認識和了解，修正他內在動機和想法，才有可能不再犯。只是內在的改變無法速成，霸凌行為頻率下降或嚴重程度下降，也是一種改善。

林苡彤：很多學生自認「我只是在主持正義」、「他很髒，座位很亂，我在教他」，沒有意識到自己的行為對別人已是一種傷害，也不清楚自己是否在霸凌別人。因此，師長必須清楚地舉很多例子，將霸凌的樣態具體展現，讓孩子知道，不然會有很多模糊空間。

Q：網路霸凌是犯罪行為嗎？

網路霸凌也可能是犯罪行為。觸犯的法律包括：《刑法》中的傷害罪、恐嚇罪、誹謗罪、公然侮辱罪、妨害秘密罪、妨害風化罪、散布猥褻物品罪等，以及《個人資料保護法》及《民法》中的侵權行為。受害者可依據遭受的損害程度提出民事賠償。

小志在網路公告同學的名字，讓他們在網路上被公審，可能觸犯《刑法》誹謗罪、公然侮辱罪。至於常見的在網路上散布他人裸照，可能觸犯《刑法》散布猥褻物品罪，若是基於惡作劇或報復心態散布，還會涉及加重誹謗罪。

網路霸凌也會導致受害者產生自我認知、人際關係的障礙，對學習造成莫大傷害，在心理上造成負面的影響；而校園若充斥霸凌事件，校園環境也會惡質化。而對霸凌者而言，若不加以輔導、矯治其行為與態度，日後有可能惡化成觸法行為。

小志想上網「討拍」，也在於現實生活中的社交技巧不佳。建議處理這類型的個案時，可以先協助當事人釐清與同學互動時的感受，喜歡 / 不喜歡哪些相處方式，再帶他去跟同學溝通；同時教他不高興時要清楚表達，例如打暗號，建立一個大家有默契的暗號，讓同學知道，當暗號出現，就要停止行為了。

Q：遭受網路霸凌者帶給他人什麼刻板印象？

林苡彤：網路霸凌和傳統霸凌的本質一樣，只是手段和方法轉到網路上。傳統霸凌中，有某些特質的孩子容易被同儕討厭因而被霸凌，在網路世界其實差不多，只是因為在網路上沒有面對面，霸凌手法會變本加厲。

歸納起來，會被霸凌的孩子主要是社交技巧不好，不懂得人與人間的應對進退或太白目。例如：喜歡炫耀成績，就算當事人不覺得自己在炫耀，但別人聽來刺耳;在不適當的時機試圖加入別人小團體的話題，「欸，你們在聊什麼？我跟你們一起聊。」別人會覺得你為何要莫名其妙加入；沒有自信，不敢保護自己或過於討好人或客觀條件不是很好（成績低落、常被責罰等），本身能力不佳，沒有正向友伴支持，也容易被欺負。

還有一種狀況，同儕間彼此競爭人際關係，為了爭奪朋友而採取攻擊、傷害對方的方式，比如：在網路上講對方壞話、將對方踢出群組、在生活中帶風向讓同學對他有負向評價等。這種狀況下，即使被霸凌者本身未必有什麼容易被欺負的特質，也容易因人際關係中的團體動力而遭到關係霸凌。

吳姿瑩：多數被霸凌的孩子都有好欺負的特質，他們不是人際脈絡比較弱勢或不會反擊，就是人際脈絡比較強勢，但社交技巧不好，行事易犯眾怒，因而遭受打壓攻擊，不過霸凌這種人的時間不會太長，因為他會反抗。一般人對霸凌的印象是大欺小、強欺弱，有了網路之後，被霸凌者可以上網取暖，透過網軍力量反過來霸凌對方，受害者變成了加害者。

Q：如何知道自己的孩子正遭受網路霸凌？

洪櫻娟：孩子被網路霸凌時，通常不敢求助於父母，原因可能是怕被責罵、手機被沒收、被禁止使用電腦；或是覺得說了也沒用，父母也無法處理。

如果孩子頻頻查看社群網站，且出現情緒不安或行為異常時，父母就需要多關心孩子在網路上的人際互動情形，了解他是否過度擔心網路上的評價，或他正在經歷網路霸凌的事件。

建議父母平常多和孩子聊聊網路上的新鮮事，用開放不批判的態度，鼓勵孩子分享自己的想法。了解他們對網路霸凌的認知，或是詢問他們身邊是否有朋友有類似經歷，和孩子討論遭遇網路霸凌時其他人的做法。當發現同學遭到網路霸凌時，請孩子務必尋求父母或師長的協助。

林苡彤：每個孩子都可能遭受霸凌，防不勝防，未必是孩子做錯事，可能是老師管理太高壓，或同學間課業競爭激烈，大家壓力太大無法宣洩，要找一個共同敵人，做為情緒出口。當孩子的情緒或行為出現異常、找藉口不想去學校、無精打采有點憂鬱的症狀，或對某些議題很抗拒，例如問到他跟同學的事，孩子不想多談，就有可能是被霸凌的訊號。

Q：處理網路霸凌過程，如何保護被霸凌的孩子？

洪櫻娟：當孩子願意告訴你他在網路上看到不舒服的訊息，表示孩子信任你並願意與你分享他的感受，此時要先肯定他的做法並給予支持，讓他知道你會協助一起解決問題。網路霸凌的處理方式因個案有所不同，一般有以下幾個建議：

1、釐清原因：請父母先站在孩子的立場，了解被攻擊的來龍去脈，避免一聽到問題就先責怪孩子，務必保持冷靜，支持孩子。

2、避免謾罵：不要在網路上與對方謾罵，也不要張貼讓對方不舒服的言論。

3、請對方刪文：可以跟孩子一起討論對方攻擊行為背後的動機，是真的惡意攻擊，還是只是開玩笑或惡作劇？和孩子一起寫封訊息給對方，表達自己的不舒服，並請對方刪除不當的內容。

4、刪除／封鎖：若是遇到經常在網路上攻擊別人的網友，建議孩子可以將對方刪除好友或封鎖，不要理會對方的訊息。

5、保留證據：若請對方刪文後仍未改善，則將讓人不舒服的內容截圖，提供證據，與老師聯繫並和學校一起處理。

6、檢舉通報：必要時也可以檢舉對方所發布的不當訊息或圖片。

處理霸凌事件最重要的是陪伴孩子，與孩子回想事情的經過，討論內心感受以及面對的方法。在過程當中，讓孩子一起參與，才能幫助孩子恢復自信心和安全感。

林苡彤：先釐清狀況，不要貿然出手，不要馬上二分法，判定誰是霸凌者，誰是受害者。跟孩子討論時，了解他的期待，例如「你希望我們怎麼做，才不會害到你？」

自以為是正義使者，幫孩子出頭去教訓霸凌者，未必是好的做法。不妨同理霸凌者，理解他對孩子有什麼意見或想法，然後做他們彼此間溝通的橋樑，讓雙方能講出心聲、感受，有助於他們關係的修復。

曾有家長為了替孩子出頭，衝進教室斥責霸凌者，反而讓孩子在班上更難生存，日後同學霸凌孩子的手法更有技巧，更知道如何避免被究責。

最重要的是給孩子情緒上的支持，讓孩子覺得自己不孤單，聽孩子說，不要給不被理解的回應，像是「這有什麼好難過」、「你不要理他就好了」，與其講這種可能適得其反的話，不如同理他的情緒。其實父母可能也不知道怎麼辦，不用覺得大人一定要很萬能，不如和孩子一起想辦法，「你覺得爸媽怎麼幫你比較好呢？我們一起去學校找老師適當嗎？」每個步驟都和孩子核對，確定他的想法和擔心。

這段期間的問候關心不可少，不妨放學後帶孩子去吃大餐，周末出遊，擴展校園以外的社交圈，例如到喜歡的教會，或拜訪親友，讓孩子知道自己其實不差，在其他地方有很多支持，人生並非只有被霸凌這件事。如果孩子對某項技能有興趣，帶他去探索拓展視野，讓他有揮灑才華的空間。

吳姿瑩：短時間先避免讓孩子上網或自己處理此事，這時期的孩子很脆弱也很矛盾，想看又不敢看，想反擊又無力，越是急著澄清處理，越可能適得其反。師長可以多安排減壓活動，例如：陪孩子從事有興趣的休閒活動，安排要好的同儕陪伴等。必要時也需安排心理諮商或相關醫療資源，並持續了解孩子內心需要、對事件的擔憂，與對處理的期待，也請學校在處理過程中，能顧及孩子的需要。當孩子身心較平復後，也可陪伴孩子從事件中反思，學習使用網路應有的自我保護意識，及本身需要修正的地方。

Q：發生網路霸凌時，校方處理的程序及權責？

林苡彤：當有疑似校園霸凌事件時，學校會召開防制校園霸凌因應小組會議，進行調查釐清事實，並主動聯繫家長。若霸凌屬實，將啟動輔導機制，針對當事人及旁觀學生進行輔導，包括了解霸凌者對受害人有什麼意見？你不喜歡他什麼地方？他這個行為對你有什麼影響？帶孩子重新看待這件事，並尊重受害學生意願，減低雙方互動機會。霸凌者除依校規懲處，若情節嚴重，需通報教育局、警察局，並轉介專業心理諮商人員協助輔導。

目睹霸凌事件的旁觀者，可能產生害怕與焦慮感，且霸凌事件已污染整個學習環境，學校會視個案處理，例如在班上進行法治課程，培養孩子同理心及正義感；或進行修復式正義，把相關人聚集在一起，對等的討論對彼此的想法和期待，有助於關係的修復。

吳姿瑩：以往學校以類似法官判決的方式懲處霸凌者，不過事件落幕後，學生間仍存有心結。在英國、以色列行之有年的「修復式正義」，近年也被引進校園處理霸凌與衝突，期以修復取代報復。學校邀請受過修復式正義訓練的專業人員，擔任公正人士主持會談，邀請並引導學生說出事件發生的前因後果、個人感受、對事件處理的需求和期待，以及自己可以採取的解決做法。透過主持人帶領，協助當事人雙方以傾聽、表達、對話等方式，增進對彼此立場的了解、對事件處理的反省、對彼此心情的諒解，與對問題的處理達成共識，進而化解糾紛，達成真正和解。

Q：強制控管孩子使用社交媒體及網路使用平台，能防止孩子被網路霸凌嗎？

周明蒨：與其管控，不如從幼兒園開始就教孩子如何使用網路，告訴孩子可以在網路上做什麼事，慢慢開放，一開始上的是你篩選過的網站，讓他們練習如何表達，教孩子若對方不禮貌，可以怎樣應對。明確規範可以上網的時間，現實生活中不該說的話 / 不該做的事，網路上也不要做。

從小開始教，孩子多半會聽，孩子內心是在意父母的，真正想反抗父母的孩子其實沒有想像中那麼多，只是多數時候，因為親子關係沒那麼好，所以父母會覺得孩子很難管。許多父母不敢管教孩子，害怕會引發親子衝突，讓他們無法承受。讓孩子從小養成常常跟你說話的習慣，讓孩子理解你知道他在做什麼，告訴孩子「我希望任何事我都是第一個知道，這樣我才有機會幫你」、「有些事我們經驗不同，或我們對事件的了解不同，所以有不同想法，這些都是可以討論的」，有助於預防孩子遭網路霸凌。

吳姿瑩：無端限制青少年使用網路，反而會增強反抗的力道，就現實上也難以完全強制控管。不如教孩子有意識的、安全的使用網路，提醒孩子放在網路上的內容有哪些人會看到？他們可能會做出什麼事？評估可能承受的風險？會對哪些人、哪些層面產生哪些影響？用這些問題教導孩子：在網路上，凡事都要停看聽，先停一下，思考一下、確認是否要傳出去。回歸根本，也要提升孩子的社交技巧，學習當某些人的言行對自己產生困擾時，可以怎麼合宜地表達、求助與處理。同時培養孩子對危機風險的判斷力，了解網路世界的善與惡，知道如何避開陷阱與誘惑，畢竟網路是公開的世界，有素養的網路公民都有責任學會在網路上保護自己，尊重他人。

編輯後記

即便是成人，也會不知所措

文／葉雅馨
(董氏基金會心理衛生中心主任
暨大家健康雜誌總編輯)

「談．愛＆珍」是今年我們首次做的直播節目，邀請多位嘉賓如王琄、葉金川、黃子佼、郎祖筠、聶雲、任爸、陶爸、滿嬌姨、阿麗姐、歐陽靖等人，分別和大家分享自己的樂齡生活或對樂齡生活的規劃。我們從事憂鬱防治宣導教育工作多年，幾乎每年都會製拍影音進行宣導，對於影音製作我們是熟悉的，因此，和熱情親切的主持人艾珍姊討論出節目方向後，立即進入執行階段。因為採攝影棚式的直播現場，約莫超過 10 位的工作團隊與細緻的燈光、布置，和傳統影音製拍差距似乎不大。節目結束後，艾珍姊爽朗地笑說，還真是大陣仗，於是分享自己直播的經驗，建議我們使用某個應用程式，只要網路寬頻不成問題，布置好現場，就算是一人，也可以做直播節目。之後，我們改採她建議的做法，人力物資省了許多。

這就是科技日新月異的展現，從只有三台節目的時代到現今人人都可以是自媒體，網路應用程式、社群媒體發展變化速度之快，可能讓人還來不及學會，就已經式微了。像是 FB，很多中、高齡族群也許正準備學著怎麼用，現在的年輕人卻已轉而使用 IG、TikTok。

2019 年年末我們開始籌畫本書的出版，至書籍上市前夕，將近一年的時間，幾乎每個國家都遭受新冠病毒的肆虐，多個國家不得不採取鎖國政策，造成經濟衰退，雖然如此，網路世界卻蓬勃發展，在家自學、在家上班、在家娛樂，所有對外聯繫與溝通更依靠網路，但隨之引發另一種看不見的疫情─網路霸凌，根據美國一家監控網路騷擾和仇恨言論的組織 L1ght 指出，在新冠病毒大流行期間，網路霸凌的現象增加了 70%。

網路霸凌的蔓延和新冠病毒疫情一樣，目前沒有辦法停止它的發生，每個人都可能遭受，也可能因為受網路霸凌而產生身心疾病，甚至出現自殺念頭和行為。光是 2019 年到 2020 年上半年，日韓就有四位影劇及體育界名人：藝人雪莉、具荷拉、木村花及排球選手高友敏因長期遭受網路霸凌而選擇輕生。即便是成人，面臨這樣的情境，也會不知所措，不知道怎麼妥善因應，更別說是身心仍在發展中的兒童青少年，有更多的恐懼與不安。

但是，不去因應和處理，不做出改變，將這個現象視為一種「理所當然的存在」，只會讓網路霸凌越演越烈，最終一發不可收拾。我們多年來進行憂鬱防治宣導教育的經驗可以證實，必須先提供正確的認知教育，這是防治網路霸凌的基礎。因此，我們採訪多位處理過網路霸凌事件、深具輔導與諮商經驗的學校老師、心理師和精神科醫師，由他們不同角度、接觸的案例及提供專業建議，加上國外內研究文獻與資料的佐證，完成本書出版。

在書中，可看到會發生在你我身邊真實的網路霸凌例子，透過故事陳述，輔以插圖，深入介紹網路霸凌的類型、霸凌者的動機與個人特質，遭受網路霸凌者受到甚麼樣的心理傷害，步驟性協助孩子避免網路霸凌傷害的做法，讀者可以全面性認識網路霸凌相關資訊。此外，本書也收錄求助資源，推文、留言、評論之常用網路用語、民眾常用的社交媒體名單等，讓讀者對網路社交媒體使用的潛在危機有進一步的認識。

秉持了我們一貫預防重於治療的社會宣導理念，本書還特別介紹了認知行為治療與網路霸凌防治的關連性，教大家從想法上開始改變，了解怎麼看網路訊息、怎麼使用網路社群平台進行溝通，選擇在於自己，面對網路世界的種種聲音，情緒能不隨之起舞。

在 2019 年我們曾製拍一部〈天使親吻過的聲音〉憂鬱防治宣導 MV，劇情刻劃主角產生憂鬱情緒的導火線即是遭受網路霸凌，有一幕場景給我極深的印象，女主角帶著驚恐不安的表情、矇著眼睛走過多位持手機對著她拍照的同學身邊，旁白寫著「面對看不見的攻擊，如何選擇，才能看見身邊不一樣的天使？」期望透過本書，讓大家學會正確的選擇，看見自己身邊的天使。

附錄 1 民眾常用的社交媒體排名

最常發生網路霸凌的平台排名（歐洲數據）

1	社交媒體
2	手機
3	即時通訊系統
4	即時聊天室
5	電子郵件
6	其它網頁
7	其它電子媒介

參考資料：
《Most common platforms for cyberbullying in Europe 2018》，STATISTA 網站

最容易發生網路霸凌的社交及媒體平台排序（美國數據）

1	Instagram
2	Facebook
3	Snapchat
4	Whatsapp
5	Youtube
6	Twitter

參考資料：
《2017 年度霸凌調查》，Ditch the Label 網站

12-30 歲族群社交平台使用率排序（台灣數據）

1	Facebook
2	Instagram
3	Twitter
4	Dcard
5	PTT
6	噗浪
7	微博 /LinkedIn

參考資料：
《2019 年台灣網路報告》，台灣網路資訊中心

台灣民眾最常使用的社交及媒體平台排序（台灣數據）

1	Youtube
2	Facebook
3	Line
4	FB Messenger
5	Instagram
6	Wechat
7	Twitter
8	Skype
9	Whatsapp
10	Tiktok

參考資料：
《2020 年數位報告 - 台灣》，Hootsuite 及 We are Socia

民眾最常使用的社交及媒體平台排序（全球統計數據）

1	Facebook
2	Whatsapp
3	Messenger
4	Wechat
5	Instagram
6	QQ
7	Qzone
8	Tiktok
9	Weibo
10	Reddit
11	Twitter

參考資料：
《2019 年全球數位報告》，Hootsuite

附錄 2 求助資源

iWIN 專線 02-2577-5118

由國家通訊傳播委員會主責，跨部會單位如衛生福利部、教育部、文化部、內政部警政署、經濟部工業局以及經濟部商業司等共同籌設。

當遭受網路霸凌時，可直接撥打 iWIN 申訴專線（02-2577-5118），或用 email 申訴（iwinservice@image.tca.org.tw），或上網申訴（https://i.win.org.tw/）。
網頁連結合作包括；
衛生福利部（安心專線：1925）
內政部警政署－刑事警察局全球資訊網站線上檢舉信箱
教育部反霸凌投訴專線（0800-2008-85）
各縣市反霸凌投訴專線

https://csrc.edu.tw/bully/phone.html

展翅協會檢舉專區

強調保護兒少使用網路的安全及人權、預防犯罪。提供檢舉申訴及諮詢專線。
設有 web 547 檢舉專區，可檢舉網路上的色情資訊。

https://reurl.cc/zz1GpV

網路交友、網路霸凌、網路個資被盜用、網路成癮等問題，web 885 諮詢專區填寫欲諮詢的問題，協會將匿名回覆。

https://reurl.cc/py3bad

兒福聯盟踹貢少年專線：0800-00-1769 或線上諮詢

2004 年起從事校園霸凌防治工作，2015 年開始加入網路霸凌防治議題，進行霸凌現況調查及提供支持專線。
12 歲以下可播打哎喲喂呀專線（0800-003-123），
青少年可撥打踹共專線（0800-00-1769）

line@ 線上聊：在 LINE 搜尋 @youthline

全國婦幼保護專線：113 或線上諮詢

當親友遭受家庭暴力、性侵害或性騷擾，或有兒童、少年、老人或身心障礙者受到身心虐待或疏忽，都可撥 113，請儘可能提供相關「人、事、時、地、物」資訊，及被害人所在位置、身分資訊，以便盡快處理。

中華白絲帶關懷協會：家庭網安熱線 02-8931-1785

關注青少年數位學習、資訊素養教育主題 (含括網路成癮防治、網路使用安全及網路霸凌防治)，進行教育宣導工作，包括製作教材、舉辦講座、媒體宣導等活動。提供熱線服務。

24 小時網路諮詢 www.facebook.com/capfans/

心地好一點、霸凌少一點　FB 專頁

由遭受網路霸凌而選擇輕生的女星楊又穎的哥哥彭仁鐸設立，與生命線、張老師、兒福聯盟、婦援會、少年踹貢粉絲團、法律諮詢等單位合作提供線上求助服務。

https://www.facebook.com/cindyfromtw/

董氏基金會心理衛生中心

從事憂鬱防治及心理健康促進宣導教育工作超過 20 年，2020 年起加入網路霸凌防治議題，研發推廣各式教材 (包括文宣、影音、桌遊、書籍等等) 及紓壓宣導品、舉辦講座、工作坊、建置資訊型網站及相關宣導活動，2004 年成立心情頻道聊天室，由專業醫師、心理師提供線上諮詢服務，另有留言板、ＦＢ專頁讓網友提問求助，由工作人員進行回復。

心情頻道聊天室 https://reurl.cc/LdWxna

社交媒體防範網路霸凌的因應措施

媒體	Instagram	Facebook	Youtube	Twitter	Tiktok
檢舉功能	✓	✓	✓	✓	✓
AI 偵測及警告貼文內容有誤或不妥	✓	✓		✓	✓
限制留言者的貼文	✓			✓	
通知用戶，留言者內容不當，用戶有權決定是否張貼	✓	✓			
定義可觀看內容的群眾範圍		✓	✓	✓	✓
其他規範	留言張貼前，跳出通知，讓貼文者三思可撤銷貼文	設置 FB 網路霸凌防治中心	設置審核中心如果用戶違反規定，刪除影片，不予刊登	針對誤導性、涉及仇恨、恐懼、歧視、危害個人健康、騙局等流言標示警告	針對誤導性、涉及仇恨、恐懼、歧視、危害個人健康、騙局等流言標示警告

附錄 3　推文、留言、評論之網路用語

一般常見用語及 2020 年流行用語

用詞	代表意涵
大大	對地位較高的網友的敬稱，如同「高手」。 衍生詞語有「巨巨」及「碩碩」。
水水	對女性的稱呼。
魯蛇	英文「Loser」的諧音，意指工作上不順遂或失業、低收入、 沒有親密關係者。
肥宅	如同表面字義　，肥胖的宅家者。
五樓	指推文或噓文的第五則回覆。最初有推文機制時，五樓的評論恰巧很中肯，網友便約定成俗、習慣叫五樓出面評論，例如「五樓你說呢？」。後來也會將各種事情推給五樓。
老司機	指在「某些方面」熟門熟路、經驗很多的人。
工具人 / 邊緣人	諷刺時常被人利用，甚至主動被利用的人 / 諷刺不擅社交，缺乏存在感的人。
鍵盤小妹	冒充女性的男網友。
閃光 / 閃	男 / 女朋友。
黑特	Hater。
甘蔗男	形容男性一開始似乎很貼心、很甜蜜，到最後卻是渣男。
上車 / 上 A 車	內容或圖片有不適合 18 歲以下觀看（情色內容）/ 發生性行為。
下去領五百	調侃對方是被聘請的網軍。

咖啡話	幹話 / 吹牛或造謠。
安安	打招呼用語。
呱張 / 瓜張	誇張。
銅鋰鋅	同理心。
阿災	(台語)我哪會知道。
災辣	(台語)知道啦。
雨女無瓜	與你無關。
廠廠(厂厂)	哈哈(注音厂很像簡體字的廠)。
不 U	不優。
人 +377	人家生氣氣。
人 +4…	人家是。
是在哈囉	是怎樣 / 是在幹嘛?(英文 Hello? 表示疑惑)。
史密斯	甚麼意思。
修但幾勒	台語發音 - 等一等。
旋轉	唬弄、呼嚨 ~ 最好不要旋轉我。
可撥	可悲 / 可憐。
鞋感	是在幹嘛。髒話簡稱,哩洗勒感!念快一點變成鞋感。
尬電	GOD DAMN、該死的。
郭	關我,念快一點就變成郭的音。郭屁事 = 關我屁事。

aka	also known as。
der	的。
hen	很。
on9	靠。
osso	喔？是喔！
SK/ SKZ	生日快樂。
UCCU	你看看你 (You see see you)。
wwwww	表示大笑。
SJW	正義魔人 (Social Justice Warrior)。
377	生氣氣。
484	是不是。
8+9	八家將的諧音。後來形容流氓、低學歷屁孩、好鬥的年輕人。
2486	白癡 / 傻子 / 笨蛋的意思。
被塑膠 / 當我塑膠 / 塑膠我	當作不存在、被無視、已讀不回。
人品爆發	運氣超好。
芒果乾	亡國感。
已知用火	消息不靈通，落後落伍的意思。
撿到槍	講話很嗆。

新警察	搞不懂狀況 / 抓不到某個梗。
幫 QQ	幫哭哭、安慰的意思。
佛系	凡事無所謂的態度。
發芬	發瘋的意思 (發芬聽起來有點像是在裝可愛)。
笑芬	笑到發瘋 / 笑瘋了 (諧音 : 芬 = 瘋)。
%%%	做愛。
咩噗	模仿羊的叫聲，形容難過想哭又裝可愛的情境。
時間管理	戲稱在外面偷吃，有第三者。
買可樂	Make love，做愛。
走心	往心裡去，放在心上。
壓力山大	壓力像山一樣大。

附錄 4　參考資料

1. 網際網路發展統計 INTERNET GROWTH STATISTICS
https://www.internetworldstats.com/emarketing.htm
https://www.internetworldstats.com/stats3.htm#asia
2. Leading countries based on Facebook audience size as of July 2020，STATISTA 網站，
https://www.statista.com/statistics/268136/top-15-countries-based-on-number-of-facebook-users/
3. 《ICT Facts and Figures 2017》，國際電信聯盟 ITU
https://www.itu.int/en/ITU-D/Statistics/Documents/facts/ICTFactsFigures2017.pdf
4. 聯合國兒童基金會 UNICEF
https://www.unicef.org/press-releases/unicef-poll-more-third-young-people-30-countries-report-being-victim-online-bullying
https://www.unicef.org/end-violence/how-to-stop-cyberbullying
5. 聯合國 United Nations
https://violenceagainstchildren.un.org/
6. 《Global Advisor Cyberbullying Study》，Ipsos 網站
https://www.ipsos.com/en/global-views-cyberbullying
7. 網路霸凌研究中心 Cyberbullying Research Center
https://cyberbullying.org/statistics
8. 《Bullying UK national bullying survey》，Bullying UK 網站
https://app.pelorous.com/media_manager/public/209/BUK%20national%20bullying%20survey%202016.pdf
9. Pew Research Center 網站
https://www.pewresearch.org/internet/2018/09/27/
10. How is cyberbullying different from 'traditional' bullying?
The Cybersmile Foundation 網站
https://www.cybersmile.org/blog/how-is-cyberbullying-different-from-traditional-bullying
11. 10 forms of cyberbullying，Kids Safety 網站
https://kids.kaspersky.com/10-forms-of-cyberbullying/
12. The Real-Life Effects of Cyberbullying on Children，Verywell family 網站
https://www.verywellfamily.com/what-are-the-effects-of-cyberbullying-460558
https://www.verywellfamily.com/how-witnessing-bullying-impacts-bystanders-460622

13. Medium 網站
https://medium.com/@kirstyentwistle/cyberbullying-from-a-psychological-perspective-6e892ce63b37
https://medium.com/social-media-stories/how-bystanders-can-help-stop-cyberbullying-397cfa816f9b

14. bark 網站
https://www.bark.us/blog/the-history-of-cyberbullying/

15. LearnSafe 網站
https://learnsafe.com/who-is-most-at-risk-for-cyberbullying/

16. Comparitech 網站
https://www.comparitech.com/internet-providers/cyberbullying-statistics/
Prevalence of cyberbullying and predictors of cyberbullying perpetration among Korean adolescents. https://doi.org/10.1016/j.chb.2016.11.047

17. The Korea Times 網站
https://www.koreatimes.co.kr/www/nation/2018/11/181_256314.html

18. The Diplomat 網站
https://thediplomat.com/2020/04/south-korea-cyberbullying-amid-coronavirus/

19. Stomp out Bullying 網站
https://stompoutbullying.org/tip-sheet-signs-your-child-cyberbully-victim

20. KidsHealth 網站
https://kidshealth.org/en/parents/cyberbullying.html

21. https://cyberbullying.org/quiz-research
Hinduja, S. & Patchin, J. W. (2015). Bullying Beyond the Schoolyard: Preventing and Responding to Cyberbullying. Thousand Oaks, CA: Sage Publications (Corwin Press). 2nd Edition. ISBN: 1483349934

22. The Guardian 網站
https://www.theguardian.com/uk-news/2017/aug/14/half-uk-girls-bullied-social-media-survey

23. The PsychCentral 網站
https://psychcentral.com/news/2018/04/22/cyberbullying-victims-may-be-twice-as-likely-to-self-harm-and-show-suicidal-behaviors/134780.html

24. ICDL-Arabia 網站
http://onlinesense.org/cyber-bullying-bystanders-teens/

25. Child Abuse Prevention Services 受虐兒童保護服務網站
https://capsli.org/kids/are-you-a-bystander-or-an-upstander/

26. The emergence of cyberbullying: A survey of primary school pupils' perceptions and experiences. https://doi.org/10.1177/0143034312445242

27.Knauf, R., Eschenbeck, H., & Hock, M. (2018). Bystanders of bullying: Social-cognitive and affective reactions to school bullying and cyberbullying. Cyberpsychology: Journal of Psychosocial Research on Cyberspace, 12(4), Article 3. https://doi.org/10.5817/CP2018-4-3

28.Rivers, I., Poteat, V. P., Noret, N., & Ashurst, N. (2009). Observing bullying at school: The mental health implications of witness status. School Psychology Quarterly, 24(4), 211–223. doi.org/10.1037/a0018164

29.Callaghan M, et al. J Epidemiol Community Health 2019;73:416–421. Bullying and bystander behaviour and health outcomes among adolescents in Ireland doi:10.1136/jech-2018-211350

30.Salmivalli, C., (2014) "Participant Roles in Bullying: How Can Peer Bystanders Be Utilized in Interventions?," Theory Into Practice, 53:4, 286 - 292, doi.org/10.1080/00405841.2014.947222

31.Espalage, D., Pigott, T., Polanin, J. (2012) "A Meta - Analysis of School - Based Bullying Prevention Programs' Effects on Bystander Intervention Behavior." School Psychology Review, Volum 41, No. 1, 47–65

32.Ross, S. W., & Horner, R. H. (2009). Bullying prevention in positive behavior support. Journal of Applied Behavior Analysis, 42, 747–759

33.Cyberbullying among high school students in Japan: Development and validation of the Online Disinhibition Scale，Computers in Human Behavior，Volume 41, December 2014, Pages 253-261，https://doi.org/10.1016/j.chb.2014.09.036

34. 陳茵嵐、劉奕蘭（2011 年 9 月）。 e 世代的攻擊行為：網路霸凌（Cyber-Bullying）

35. 全國法規資料庫，校園霸凌防治準則
https://law.moj.gov.tw/LawClass/LawAll.aspx?PCode=H0020081

36.《2019 台灣網路報告》，財團法人台灣網路資訊中心

37.《2016 年台灣兒少網路霸凌經驗調查報告》

https://www.children.org.tw/news/advocacy_detail/1538

38.《台灣網路用語列表》Wikiwand 網站
https://www.wikiwand.com/zh/%E5%8F%B0%E7%81%A3%E7%B6%B2%E8%B7%AF%E7%94%A8%E8%AA%9E%E5%88%97%E8%A1%A8#/overview

39.《2020 台灣最新網路用語》玩轉台灣網站
https://taiwanplay.com/internet-language/

40. Deppi 網站
https://dappei.com/articles/8965

預防網路霸凌 - 你看不見的傷害

總 編 輯／葉雅馨
審　　訂／陳質采（衛生福利部桃園療養院兒童精神科醫師）
採訪撰文／黃嘉慈、黃苡安、李碧姿、鄭碧君
諮詢受訪／李筱蓉（宇寧身心診所臨床心理師）
吳姿瑩（臺北市大直高中輔導主任）
周明蒨（臺北市大同高中學務主任）
林家妃（新北市新北高中輔導主任）
林苡彤（臺北市大直高中輔導老師）
胡延薇（淡江大學通識與核心課程中心專任講師）
洪櫻娟（高雄市阮綜合醫院身心內科醫師）
陳質采（衛生福利部桃園療養院兒童精神科醫師）
黃雅芬（黃雅芬兒童心智診所院長）
詹佳真（臺北市立聯合醫院中興院區一般精神科專任主治醫師）
潘俊瑋（諮商心理師）
賴佑華（新北市林口高中輔導主任）
歐陽靖（作家／演員／模特兒）
（以上照姓氏筆畫順序排列）

執行編輯／戴怡君
校　　潤／呂素美
編　　輯／蔡睿縈
美術設計編排與插畫／布蘭達 Brenda Lin

出版發行／財團法人董氏基金會《大家健康》雜誌
發行人暨董事長／張博雅
執 行 長／姚思遠

地　　址／台北市復興北路 57 號 12 樓之 3
服務電話／02-27766133#253
傳真電話／02-27522455、02-27513606
大家健康雜誌網址／ healthforall.com.tw
大家健康雜誌粉絲團／
www.facebook.com/healthforall1985

郵政劃撥／07777755
戶　　名／財團法人董氏基金會

總 經 銷／聯合發行股份有限公司
電　　話／02-29178022 # 122
傳　　真／02-29157212

法律顧問／首都國際法律事務所
印刷製版／鴻霖印刷傳媒股份有限公司

出版日期／ 2020 年 12 月
定價／新臺幣 320 元

國家圖書館出版品預行編目 (CIP) 資料

預防網路霸凌：你看不見的傷害 / 黃嘉慈, 黃苡安, 李碧姿, 鄭碧君採訪撰文 ; 葉雅馨總編輯 . -- 臺北市 : 財團法人董氏基金會 << 大家健康 >> 雜誌 , 2020.12
面 ;　公分 . -- (健康樂活 ; 15)
ISBN 978-986-97750-6-9(平裝)
1. 網路安全 2. 兒童保護 3. 網路使用行為

312.76　　109020058